EECS

TI LaunchPad 与Energia

电子工程与
计算机科学

孟桂娥　沈玉婷
崔　萌　袁　焱　编著

U0295359

上海交通大学出版社
SHANGHAI JIAO TONG UNIVERSITY PRESS

内容提要

本书共 10 章,重点介绍了 TI 几款常用的 LaunchPad 开发板以及软件开发环境 Energia IDE、C/C++语言基本语法以及电路基础常识、MCU 的入门级程序设计、MCU 与外部设备的通信方式、Energia 类库编写,以及相关的设计实验和综合项目开发案例。

本书可作为高等院校电子与通信技术专业 MCU 入门教材,也可作为开展青少年科技创新活动的参考用书。

图书在版编目(CIP)数据

TI LaunchPad 与 Energia/ 孟桂娥等编著. —上海:
上海交通大学出版社,2019
ISBN 978-7-313-21093-7

Ⅰ.①T… Ⅱ.①孟… Ⅲ.①单片微型计算机 Ⅳ.
①TP368.1

中国版本图书馆 CIP 数据核字(2019)第 079463 号

TI LaunchPad 与 Energia

编　著:	孟桂娥　沈玉婷　崔　萌　袁　焱		
出版发行:	上海交通大学出版社	地　址:	上海市番禺路 951 号
邮政编码:	200030	电　话:	021-64071208
印　制:	常熟市文化印刷有限公司	经　销:	全国新华书店
开　本:	787 mm×1092 mm　1/16	印　张:	11.5
字　数:	299 千字	插　页:	4
版　次:	2019 年 7 月第 1 版	印　次:	2019 年 7 月第 1 次印刷
书　号:	ISBN 978-7-313-21093-7/TP		
定　价:	45.00 元		

前　　言

Energia 是一个开放源代码的集成开发环境，它起源于 Wiring 和 Arduino 架构，最初是为美国德州仪器公司（Texas Instruments，TI）的 MSP430 LaunchPad 提供快速便捷的开发工具。LaunchPad 是 TI 公司生产的一系列低功耗低价位的微控制器（microcontroller unit，MCU）开发板，包括 MSP430、MSP432、TM4C、C2000 和 CC3200 等 LaunchPad，Energia 的最新版本都能支持。

Energia 提供了很友好的编程环境，使得初学者不需要深入了解 MCU 内部的结构，就能快速地进行项目开发。其特别适合大专院校低年级学生、初高中学生，甚至小学生作为 MCU 入门学习之用。

本书更多讲解的是编程及应用开发，对 MCU 内部结构涉及较少。全书共 10 章：第 1、2 章主要介绍了 TI 几款常用的 LaunchPad 开发板以及软件开发环境 Energia IDE；为了便于初学者快速入门，第 3 章介绍了 C/C++语言基本语法以及电路基础常识；第 4 章介绍了 MCU 的入门级程序设计——I/O 的控制，包括输入/输出方法和一些常用函数的使用；第 5～7 章选取常见的传感器模块，为其设计专门的实验，从原理、使用方法、电路连接和程序解析等方面介绍其应用方法；第 8 章介绍了 MCU 与外部设备的通信方式，包括串行通信、Ethernet 通信和无线通信；第 9 章详细讲解了如何编写 Energia 类库；第 10 章介绍了综合项目开发案例。

读者掌握了前 4 章，基本了解 Energia 的开发方法后，就可以完成一些小型项目的开发。第 5～7 章介绍了多款传感器，可以在实际项目中应用时再仔细阅读。第 8 章以后为进阶教程，讲解了一些常用类库的使用以及如何编写自己的类库。如果已有一定的软硬件开发基础，则可根据实际项目要求，直接阅读相应章节。

本书的内容和素材来源，除了引用的参考文献之外，主要来源于日常教学和科研的积累。首先是作者所在学校近几年承担的教育部高等教育司产学合作协同育人项目的成果，在此特别感谢 TI 中国大学计划部的工程师们；其次，是与上海市科技艺术教育中心合作进行青少年科创活动的成果，在此特别感谢沈玉婷老师的大力协助；再次，是上海交通大学工科平台《工程学导论》课程同学的成果，袁焱老师和崔萌老师提供了有益的指导与建议。最后，感谢上海交通大学电子信息与电气工程学院电子工程系中心实验室的全体老师。

由于作者水平有限，书中存在的不当之处，衷心地希望各位读者多提宝贵意见及具体的修改建议，以便作者进一步修改和完善。欢迎读者将反馈意见发到作者的电子邮箱：gemeng@sjtu.edu.cn。

孟桂娥

2018 年 9 月于

上海交通大学

目　　录

第1章 TI LaunchPad

微控制器(microcontroller unit，MCU)，又称单片微型计算机(single chip microcomputer)或者单片机，是把中央处理器(central process unit，CPU)的频率与规格做适当缩减，并将内存(memory)、计数器(timer)、USB、A/D 转换、UART、PLC、DMA 等周边接口，甚至 LCD 驱动电路都整合在单一芯片上，形成芯片级的计算机。图 1-1 是 MSP430 MCU 内部模块示意图。

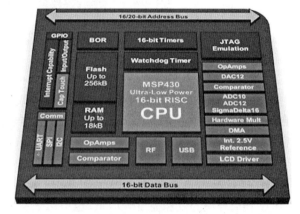

图 1-1　MSP430 MCU 内部模块

1.1　TI MCU 与 TI LaunchPad

为方便开发者快速开展工作，TI 提供了一系列的开发板，称为 LaunchPad 板卡。TI LaunchPad 像一个完整的人一样，它有大脑、感知器官和行动器官，它可以通过感知器官从外部世界获取信息，对信息加工处理后产生决定，并最终根据决定产生一定的行动。LaunchPad 对什么样的外部信息感兴趣以及产生什么的行动，是由设计人员编写的一系列指令(即程序)决定的。TI LaunchPad 的大脑就是 TI 公司的 MCU，不同型号的 MCU 功能和性能不尽相同。本章将列举出一些使用广泛且具有特色的 TI LaunchPad，就开发板的特性以及MCU 总体参数做一简单介绍，以便开发者根据项目需求进行初步的选择，更详细的开发板信息请参阅 TI 官网(www.ti.com)提供的相应 LaunchPad 用户使用手册。

1.2　认识不同型号的 LaunchPad

1.2.1　MSP430G2 LaunchPad

MSP430G2 LaunchPad 是 TI 公司的第一款支持 Energia 的微控制器开发板，比较适合对开发对性能要求不高的小项目，特别适合单片机入门者使用。本书前几章节将用 MSP430G2 LaunchPad 进行教学演示。读者在掌握了该款 LaunchPad 的开发技巧以后，就可以将代码轻松地移植到其他型号的开发板上(见图 1-2)。

图 1-2 是 MSP430 G2 LaunchPad 1.5 版本，板卡上的微控制器使用的是 MSP430G2553，也可以使用 MSP430G2231 和 MSP430G2452 微控制器。为了描述方便，特约定本书中提到的MSP430G2 LaunchPad 默认使用的是 MSP430G2553 MCU。

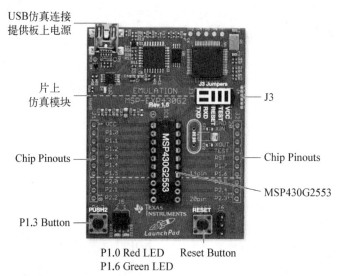

USB仿真连接
提供板上电源

片上
仿真模块

Chip Pinouts

P1.3 Button

J3

Chip Pinouts

MSP430G2553

P1.0 Red LED   Reset Button
P1.6 Green LED

图 1-2   MSP430G2 LaunchPad（Rev1.5）开发板

开发板下部中间位置的 MSP430G2553 MCU 是整个开发板的大脑,板子上部的电路为仿真器电路,只需要通过 USB 线直接将其连接到电脑的 USB 端口,就可以把在电脑上编写好的程序下载到 MCU 中,MCU 可以感知两个按钮（PUSH2 和 RESET）的按压动作,也可以控制 LED 灯的点亮与熄灭。此外,MSP430G2553 有 20 个引脚被引出至板子下部的左右两侧,通过这些插针既可以连接更多的感知器（输入器件）,如温度传感器、光照传感器等,可以让 MCU 获取环境温度和亮度等信息;也可以连接更多的行动器（输出器件）,例如,可以让蜂鸣器播放音乐、电机转动等,甚至可以与其他的 MCU 或电子设备进行通信。

1）MCU

MSP430G2553 MCU 使用 16-bit RISC CPU,频率最高可达 16 MHz。该 MCU 需要 3.3 V 的供电系统,Flash 容量为 16 KB,用于存放程序,相当于计算机的硬盘。RAM 容量为 0.5 KB, RAM 相当于计算机的内存,当 CPU 进行运算时,需要在其中开辟一定的存储空间;当 LaunchPad 断电或复位后,其中的数据会丢失。

该 MCU 采用塑料双列直插式封装（PDIP）,共有 20 个管脚,其中有 16 个管脚可以用作输入/输出（I/O）口。16 个 I/O 口可分成了 2 组,分别取名 P1 和 P2,每组都有 8 个 I/O 口,每个 I/O 口作用各不相同,同一个 I/O 口不同的使用方法功能也不同。例如：P1.0 是 P1 的第一个口,它对应 MCU 的 2 号管脚,它既可以作为通用的 I/O 口,也可以作为 Timer0 的时钟（TA0CLK）以及其他作用。暂时不理解每个 I/O 口的作用没有关系,本书的后续章节会逐步涉及（见图 1-3 和表 1-1）。

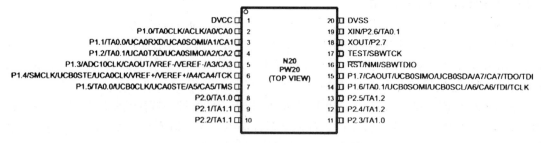

图 1-3   MSP430G2553 PDIP 封装图

表 1 - 1　MSP430G2553 微控器主要参数

CPU	16-bit RISC
工作电压 /V	约 3.3
最大单输出电流 /mA	6
时钟速度 /MHz	16
闪存(程序存储空间)/KB	16
RAM(数据存储空间)/KB	0.5
GPIO Pins(♯)	16
UART	1
SPI	2
I2C	1

2) 电源

目前主流 MCU 的电源分别为 5 V 和 3.3 V 这两个标准,MSP430 MCU 正常工作电压为 3.3 V。MSP430G2 LaunchPad 有两种供电方式如下。

(1) 通过 USB 电缆连接到电脑给板卡供电,USB 提供的 5 V 电压转换成 3.3~3.6 V 电压供 MCU 工作。采用该方式供电,必须保证 J3 的 VCC 引脚的跳线帽处于插接状态。

(2) 通过 J6 可以从外部提供 3.3 V 电源,此时必须拔掉 J3 的 VCC 引脚的跳线帽。

对一些特定应用场合,该板卡可以要求更低电压(1.62~3.7 V),这里不做过多的关注。

3) LED 灯

MSP430G2 LaunchPad 带有 3 个 LED 灯,作用分别如下。

(1) LED0(PWR):电源指示灯。当 LaunchPad 电源接通时,该灯会亮,颜色为绿色。

(2) LED1:红色 LED。连接到 MCU 的 2 号(P1.0)引脚,当 2 号引脚为高电平时,该 LED 会点亮;当其为低电平时,不会点亮。

(3) LED2:绿色 LED。连接到 MCU 的 14 号(P1.6)引脚,当 14 号引脚为高电平时,该 LED 会点亮;当其为低电平时,不会点亮。

备注:要使 LED1 和 LED2 正常工作,必须把对应 LED 灯上面的跳线帽接上。

4) 复位按键

按下该按键可以使 LaunchPad 重新启动,程序从头开始运行。MSP430G2 LaunchPad 总体参数如表 1-2 所示。

表 1 - 2　MSP430G2 LaunchPad 总体参数

MCU	MSP430G2553
引脚	20
仿真器	片上仿真器
按键	1 个普通按键,1 个复位按键
LED	3

1.2.2　MSP432P401R LaunchPad

MSP432P401R LaunchPad 是 TI 公司在原来 16 位 MSP430 系列基础上推出的首款 32-bit LaunchPad，使用的是 ARM Cortex－M4F 的内核，在保留原来 MSP430 低功耗外设基础上提高了性能，支持 Energia 多线程编程，适合控制逻辑比较复杂的项目开发。本书部分示例选用 MSP432P401R LaunchPad 进行教学演示。

MSP－EXP432P401R LaunchPad 开发板的详细组成信息如图 1－4 的所示。开发板下部的中间位置 MSP－EXP432P401R MCU（微控制器）是整个开发板的大脑，板子上部的电路为仿真器电路，只需要通过 USB 线直接将其连接到电脑的 USB 端口，即可电脑上编写好的程序下载到 MCU 中，MCU 可以感知三个按钮（S1、S2 和 Reset）的按压动作，也可以控制 LED 灯的点亮与熄灭。此外，MSP－EXP432P401R MCU 有 40 个引脚被引出至板子下部的左右两侧共四排插针，板卡下部还有两排可扩展引脚。

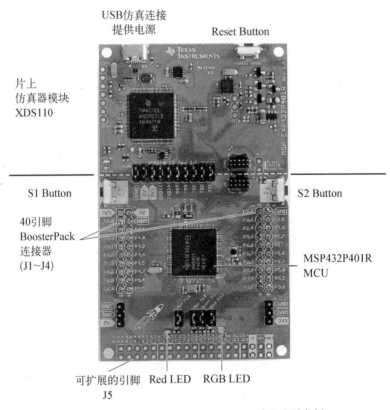

图 1－4　MSP－EXP432P401R LaunchPad 开发板

1）MCU

MSP432P401R MCU 使用 ARM® 32－bit Cortex®－M4F CPU，频率最高可达 40 MHz。该 MCU 需要 3.3 V 的供电系统，Flash 容量为 256 KB，RAM 容量为 64 KB。

该 MCU 采用 LQFP 封装（见图 1－5），尺寸为 14 mm×14 mm，总共有 100 个管脚，其中有 84 个管脚可以用作输入/输出（I/O）口。84 个 I/O 口分成 11 组，分别取名 P1，P2，P3，…，P10 和 PJ，其中 P1～P9 每组都有 8 个 I/O 口，P10 和 PJ 各有 6 个 I/O 口。MSP432P401R 微控制器主要参数如表 1－3 所示。

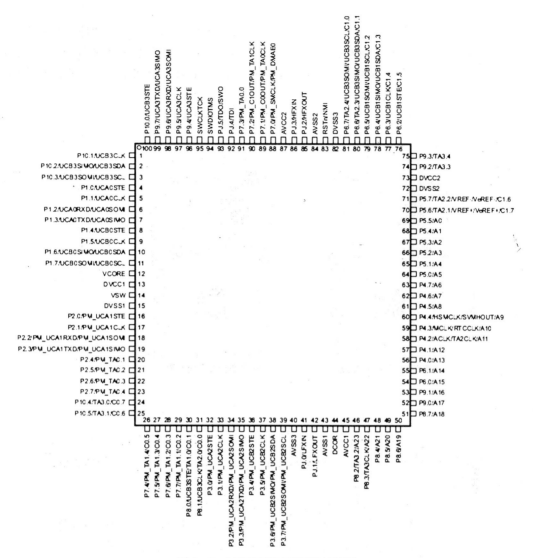

图 1-5 MSP432P401RIPZ 封装图

表 1-3 MSP432P401R 微控器主要参数

CPU	48 M 32-bit ARM Cortex M4F
工作电压 /V	约 3.3
闪存(程序存储空间) /KB	256
RAM(数据存储空间) /KB	64
GPIO Pins(#)	84
UART	4
SPI	8
I2C	4
定时器	4×16-bit,2×32-bit

2）电源

MSP432 MCU 正常工作电压为 3.3 V。MSP432P401R LaunchPad 有两种供电方式：

（1）通过 USB 电缆连接到电脑给板卡供电，USB 提供的 5 V 电压通过 XDS110 转换成 3.3～3.6 V 供 MCU 工作。采用该方式供电，必须保证 J101 第 1 个和第 3 个引脚的跳线帽处于插接状态，如图 1-6(a)所示。

（2）通过 J6 可以从外部提供 3.3 V 电源，连接方式如图 1-6(b)所示。

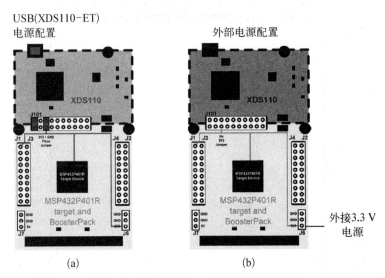

图 1-6　MSP432 LaunchPad 电源结构图

(a) 供电方式 1(USB 电缆连接电脑)；(b) 供电方式 2(外接电源)

对一些特定应用场合，该板卡可以要求更低电压(1.62～3.7 V)，这里不做过多的关注。

3）LED 灯

MSP432P401R LaunchPad 带有 4 个 LED 灯，作用分别如下。

（1）LED102：电源指示灯。当 LaunchPad 电源接通时，该灯会亮，颜色为绿色。

（2）LED101：上传程序时，该灯闪烁，颜色为红色。程序上传结束，该灯熄灭。

（3）LED1：上传程序时，该灯会亮，颜色为红色。程序上传结束，该灯熄灭。此外该 LED 连接到 MSP432P401R MCU 的 78 号引脚，当 78 号引脚为高电平时，该 LED 会点亮；当该引脚为低电平时，不会点亮。

（4）LED2：红绿蓝三色 LED。该灯里面有红、绿、蓝三个 LED 灯，分别连到 MSP432P401R MCU 的第 75、76 和 77 号引脚，通过编程可以使其显示五颜六色。

应注意，要使 LED1 和 LED2 正常工作，必须把开发板下端中间部分的跳线帽接上。

4）复位按键(Reset)

按下该按键可以使 LaunchPad 重新启动，程序从头开始运行。

MSP432P401R LaunchPad 总体参数如表 1-4 所示。

表 1-4　MSP432P401R LaunchPad 总体参数

MCU	MSP432P401R
引脚	40 pin BoosterPack 连接器

（续表）

仿真器	片上仿真器 XDS－110ET
按键	2个普通按键,1个复位按键
LED	4

1.2.3　EK-TM4C1294XL LaunchPad

该款 LaunchPad(见图 1-7)使用的是 TM4C1294 MCU,有一个 10/100 Ethernet 接口,特别适合有网络应用需求的项目开发。

EK-TM4C1294XL 开发板中间位置 TM4C1294 NCPDT MCU(微控制器)是整个开发板的大脑,板子上部的电路为仿真器电路,通过 USB 线直接将其连接到电脑的 USB 端口,就可将电脑上编写好的程序下载到 MCU 中。开发板下部有一个 10/100 Ethernet 接口,4 个按钮。此外,开发板上部和中部左右两侧分别有 40 个引脚,板卡右侧自上而下还有两排可扩展引脚。

TM4C1294NCPDT MCU 使用ARM® 32-bit Cortex®-M4F CPU,频率最高可达120 MHz。该 MCU 需要 3.3 V 的供电系统,Flash 容量为 1 024 KB,RAM 容量为 256 KB。

该 MCU 采用 TQFP 封装,共有 128 个管脚,其中有 90 个管脚可以用作输入/输出(I/O)口。TM4C1294NCPDT MCU 微控器主要参数如表1-5所示。

表1-5　TM4C1294NCPDT MCU 微控器主要参数

CPU	128 M 32-bit ARM Cortex M4F
工作电压/V	约3.3
闪存(程序存储空间)/KB	1 024
RAM(数据存储空间)/KB	256
GPIO Pins(#)	90
UART	8
QSSI	4
I2C	10
CAN 2.0	2
10/100 ENET MAC+PHY	1
USB High-Speed with ULPI	yes

图1-7　EK-TM4C1294XL LaunchPad 开发板

1.2.4　CC3200 WiFi LaunchPad

CC3200 WiFi LaunchPad(见图 1 - 8)使用的是 CC3200 MCU,该 MCU 是业界第一个具有内置 WiFi 联通性的单片 MCU,特别适合有无线网络应用需求的项目开发。针对物联网(IoT)应用的 CC3200 器件是一款集成了高性能 80 MHz ARM Cortex - M4 MCU 的无线 MCU,从而使得使用者能够利用单个集成电路开发整个应用。此器件包含多个外设,其中包含一个快速并行摄像头接口、I2S、SD /MMC、UART、SPI、I2C 和四通道模数转换器(ADC)。

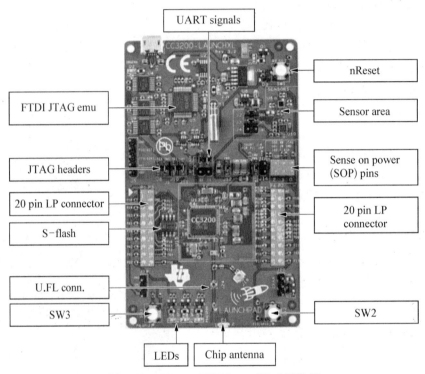

图 1 - 8　CC3200 WiFi LaunchPad 开发板

CC3200 集成针对 WiFi 和互联网的所有协议,有一个 WiFi 片上互联网模块且包含一个额外的专用的 ARM MCU,此 MCU 可完全免除主机 MCU 的处理负担,包含 802.11 b /g /n 射频、基带和具有强大加密引擎的 MAC,以实现支持 256 位加密的快速、安全互联网连接。CC3200 支持基站、访问点(AP)与 WiFi Direct 模式,还支持 WPA2 个人和企业安全性以及 WPS2.0。此外,还包含嵌入式 TCP /IP 和 TTL /SSL 堆栈、HTTP 服务器和多个互联网协议。

借助片上 WiFi、互联网和稳健难用的安全协议,无须之前的 WiFi 经验即可实现更快速地开发。

CC3200 WiFi LaunchPad 开发板中间位置 CC3200 MCU(微控制器)是整个开发板的大脑,板子左上部的电路为仿真器电路,可通过 USB 线直接将其连接到电脑的 USB 端口,从而将电脑上编写好的程序下载到 MCU 中。开发板中部左右两侧共有 40 个引脚。板卡下部有 2 个按钮、3 个 LED 灯和天线。板卡右上角 Reset 按键下面还有两个传感器,分别为加速度计和温度传感器。

1.3 TI LaunchPad 扩展板

1.3.1 CC3100 BoosterPack

CC3100 BoosterPack(见图 1 - 9)是一款 WiFi 扩展板,它可以直接插接在多款 LaunchPad 板卡上(见图 1 - 10),使得 LaunchPad 具有无线网络接入功能。CC3100 集成针对 WiFi 和互联网的所有协议,有一个 WiFi 片上互联网模块并包含一个额外的专用的 ARM MCU,此 MCU 可完全免除主机 MCU 的处理负担,包含 802.11 b/g/n 射频、基带和具有强大加密引擎的 MAC,以实现支持快速、安全互联网连接。CC3100 支持基站、访问点(AP)与 WiFi Direct 模式,也支持 WPA2 个人和企业安全性以及 WPS2.0。此外,还包含嵌入式 TCP/IP 和 TTL/SSL 堆栈、HTTP 服务器和多个互联网协议。

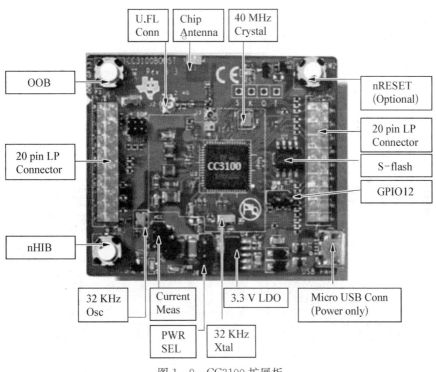

图 1 - 9 CC3100 扩展板

1.3.2 Educational BoosterPack MK Ⅱ

Educational BoosterPack MK Ⅱ 为开发者提供高度集成方案以快速获得完整解决方案的原型设计(见图 1 - 11)。该 BoosterPack 包含各种模拟和数字输入/输出设备,包括 TI OPT3001 光传感器、TI TMP006 温度传感器、伺服电机连接器、三轴加速计、用户按钮、RGB 多色 LED、蜂鸣器、彩色 TFT LCD 显示屏、麦克风和带按钮的 2 轴手柄等。

此 BoosterPack 在开发时便充分考虑了对 Energia 的支持,提供了大量的例程,请访问 www.energia.nu 以了解更多信息。

图 1 - 10　CC3100 插接在 MSP430F5529 LaunchPad 上

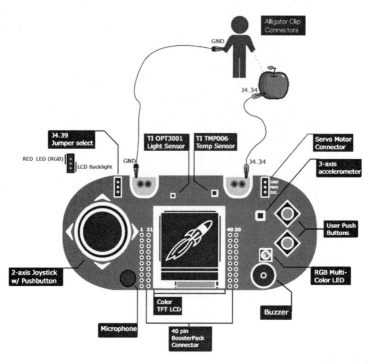

图 1 - 11　Educational BoosterPack MKⅡ

第 2 章　Energia 软件集成开发环境

集成开发环境(integrated development environment，IDE)是用于提供程序开发环境的应用程序，一般包括代码编辑器、编译器、调试器和图形用户界面等工具，是集成了代码编写功能、分析功能、编译功能、调试功能等一体化的开发软件服务套。所有具备这一特性的软件或者软件套(组)都可以称为集成开发环境。常用的 MCU 集成开发环境，包括 TI 公司的 Code Composer Studio™ IDE、Keil® μVision®、IAR Embedded Workbench™ IDE 和 Arduino IDE 等。

本章主要介绍 Energia 开发环境的特点及使用方法，包括 Energia 开发环境的安装以及简单的硬件系统与软件调试方法。

2.1　Energia 平台特点

Energia IDE 是开放源代码的集成开发环境，语法简单，不需要太多的 MCU 硬件知识，对于初学者来说极易掌握，同时又有足够的灵活性。只要简单学习后就可以快速地进行开发。Energia IDE 具有跨平台的兼容性，可以在 Windows、Mac OS 以及 Linux 三大主流操作系统上运行。其特点如下：

(1) 简单易用的代码编辑器和编译器，内置有串行监视器/终端。

(2) 具备由直观的功能 API 构成的可靠框架，可通过微控制器方便地控制多种电子元件、传感器(LED 灯、红外线、超声波、电机、温度传感器、光敏传感器等)等外设。

(3) 支持各种 TI 嵌入式器件(MSP430、MSP432、TM4C、CC3200、C2000 等)。

(4) 可获得高级库，通过各种扩展模块(蓝牙、WiFi、以太网等)，进行网络传输。

(5) 可以将 Energia 项目无缝导入 Code Composer Studio，让开发人员充分利用 LaunchPad 套件的板载调试器。

2.2　Energia IDE 的下载与安装

Energia 安装程序以及 TI LaunchPad 的驱动程序都可以从 Energia 官网(www.energia.nu)获得，该网站提供了各种非常有用的资源。官网主菜单如图 2-1 所示。

Home　Download　Guide　Pin Maps　Reference　Getting Help　Contact

图 2-1　Energia 网站主菜单

点击菜单项的 Download，会出现下载页面，可根据计算机的操作系统选择合适版本的 Energia 软件压缩包进行下载。图 2-2 是以 Release 0101E0017 为例的下载页面。

Release 0101E0017
energia-0101E0017-macosx.dmg – Mac OS X: Binary release version 0101E0017 (12/9/2015)
energia-0101E0017-windows.zip – Windows: Binary release version 0101E0011 (12/9/2015)
Linux 32-bit release. Build and tested on Ubuntu 12.04 LTS (Precise Pangolin).
energia-0101E0017-linux.tgz – Linux 32-bit: Binary release version 0101E0017 (12/9/2015)
Linux 64-bit release. Build and tested on Ubuntu 12.04 LTS (Precise Pangolin).
energia-0101E0017-linux64.tgz – Linux 64-bit: Binary release version 0101E0011 (12/9/2015)

图 2-2　Energia IDE 下载页面

直接解压 Energia 软件压缩包到合适的目录下，运行该目录下名为 energia.exe 程序就可以启动 Energia 软件，进入开发界面，如图 2-3 所示。

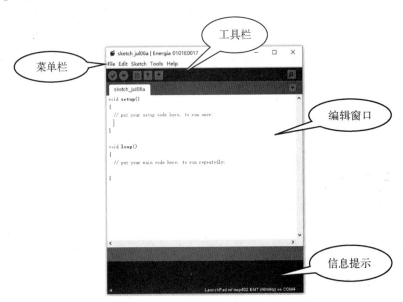

图 2-3　Energia IDE 主界面

2.3　板卡驱动软件

单击如图 2-1 所示菜单项的 Pin Maps，该页面列出了 Energia 支持的板卡列表，单击实际使用的板卡的链接，进入相应板卡详细信息界面，根据计算机的操作系统选择合适版本的板卡驱动程序进行下载。图 2-4 列出了 Windows 操作系统下 MSP430G2 LaunchPad 板卡的驱动安装步骤。

1. Download the LaunchPad drivers for Windows: LaunchPad CDC drivers zip file for Windows 32 and 64 bit (alternate mirror: download)
2. Unzip and double click DPinst.exe for Windows 32bit or DPinst64.exe for Windows 64 bit.
3. Follow the installer instructions (should be one click and done)

图 2-4　MSP430G2 LaunchPad 板卡安装步骤

2.4　Energia IDE 的使用

第一次使用 Energia IDE,需要设置所使用板卡类型和相应端口。把 LaunchPad 通过 USB 线与计算机连接后,计算机会给板卡分配相应的 COM 端口,如 COM1、COM2 等,不同的计算机和系统分配的 COM 端口是不一样的,所以每次把 LaunchPad 重新连接到计算机时要在计算机的设备管理器中查看板卡被分配到哪个 COM 端口,这个端口就是计算机与板卡的通信端口。图 2 - 5是 MSP430G2 LaunchPad 连接到某台 Windows 操作系统的计算机被分配的 COM 口示例。

图 2 - 5　设备管理器　　　　　　　　　图 2 - 6　Energia IDE 工具栏

启动 Energia IDE 后,在菜单栏中打开"Tools"→"Board",选择 TI LaunchPad 开发板类型 LaunchPad w/msp430g2553(16 MHz);然后在菜单栏中打开"Tools"→"Serial Port",进行端口设置,设置为计算机设备管理中分配的端口 COM14,这样计算机就可以与开发板进行通信了。工具栏显示的功能如图 2 - 6 所示。

Energia IDE 中提供了很多示例,在菜单栏中打开"File"→"Examples",可以发现示例包括基本的、数字的、模拟的、通信的、控制的、字符串的、传感器的、显示的等。下面介绍一个最简单、最具有代表性的例子 Blink,以便快速熟悉 Energia IDE。Blink 范例程序的功能是控制红色 LED 灯周期性地亮与灭,从而达到闪烁的效果。

在菜单栏中打开"File"→"Examples"→"01.Basics"→"Blink",这时在编辑窗口会出现程序。在详细介绍程序代码以前,先把程序上传到开发板中观察程序运行效果。在编辑窗口中出现的代码一般称为源代码,开发板不能识别,必须首先把源代码转换成开发板能识别的代码,这个过程称为编译过程。点击工具栏中的编译 ⊘ 按钮,可以把源程序编译成开发板可以理解的代码;然后点击工具栏中的上传 ⊕ 按钮,把编译好的代码上传到 LaunchPad 开发板中,这时可以观察到开发板上的红色 LED 灯周期性地亮与灭。

2.5　Blink 范例的解析

表 2 - 1是 Blink 范例的源代码清单,为方便说明左侧标有行号。

表 2-1　Blink 范例的源代码清单

```
 1   /*
 2     Blink
 3     The basic Energia example.
 4     Turns on an LED on for one second, then off for one second, repeatedly.
 5     Change the LED define to blink other LEDs.
 6
 7     Hardware Required:
 8      * LaunchPad with an LED
 9
10     This example code is in the public domain.
11   */
12
13   // most launchpads have a red LED
14   # define LED RED_LED
15
16   //see pins_energia.h for more LED definitions
17   //# define LED GREEN_LED
18
19   // the setup routine runs once when you press reset:
20   void setup() {
21     // initialize the digital pin as an output.
22     pinMode(LED, OUTPUT);
23   }
24
25   // the loop routine runs over and over again forever:
26   void loop() {
27     digitalWrite(LED, HIGH);   // turn the LED on (HIGH is the voltage level)
28     delay(1000);               // wait for a second
29     digitalWrite(LED, LOW);    // turn the LED off by making the voltage LOW
30     delay(1000);               // wait for a second
31   }
```

在 Energia 编译环境中，是以 C/C++的风格来编写的。表 2-2 详细解析了 Blink 范例程序。

表 2-2　Blink 范例的解析

行号	内　　容	说　　明
1～11	/* … …. */	/*与*/之间的所有字符为注释，多行注释 注释是程序员提供给自己或其他人看的，用于对程序代码做一些补充说明，对程序的编译和执行没有任何影响
13	// most launchpads have a red LED	//之后回车符之前的所有字符为注释，单行注释
14	# define LED RED_LED	给 RED_LED 引脚取一个名称为 LED 关于 RED_LED 的由来详见第 2.6 节的解释

(续表)

行号	内　容	说　明
20~23	setup 函数 在每次开发板上电或复位后执行一次,完成对系统的初始化	
	void setup()	void 是函数的返回值类型,本函数没有返回值,用 void 表示
	{	在这里是 setup 函数的开始标志,不可省略
	pinMode(LED, OUTPUT);	设置 LED 引脚为输出
	}	在这里是 setup 函数的结束标志,不可省略
26~31	loop 函数 MCU 程序有始无终,只要系统处于运行状态,一直循环执行该循环体的程序	
	void loop()	void 是函数的返回值类型,本函数没有返回值,用 void 表示
	{	在这里是 loop 函数的开始标志,不可省略
	digitalWrite(LED, HIGH);	从 LED 引脚(之前已被设为输出引脚)输出高电平,硬件电路上与之相连的红色 LED 灯点亮
	delay(1000);	等待 1 000 毫秒(ms)
	digitalWrite　(LED, LOW);	从 LED 引脚(之前已被设为输出引脚)输出低电平,硬件电路上与之相连的红色 LED 灯熄灭
	delay(1000);	等待 1 000 毫秒(ms)
	}	在这里是 loop 函数的结束标志,不可省略

　　通过上述分析,可以发现除了注释内容,程序可分成两个部分 setup()和 loop(),每一部分以"{"开始,以"}"结束,称为"函数"。函数一般用于完成特定功能,setup()和 loop()函数是 Energia 程序中两个特别的函数,每一个 Energia 程序必须要包含这两个函数。setup()函数在开发板上电或者复位后执行一次,完成对系统的初始化。setup()函数执行完后,开始执行 loop()函数,该函数会不间断地循环执行,直到开发板断电(见图 2 - 7)。程序员可以根据项目的实际需要,添加修改这两个函数的内容。此外,示例程序中出现

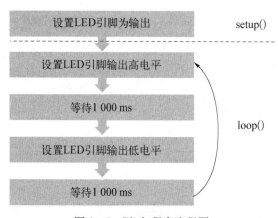

图 2 - 7　Blink 程序流程图

的 pinMode()、digitalWrite()和 delay()是 Energia 开发环境已经预先为用户准备好的函数(俗称工具函数),不需要修改,可以直接使用。关于 Energia 提供的工具函数以及使用用例请查阅 Energia 官网(www.energia.cn)。当然程序员也可以根据实际需要定义新的函数。关于函数更进一步的语法,将在以后的章节进一步介绍。

2.6　LaunchPad 引脚的使用

Blink 范例程序中出现的 RED_LED 到底代表着什么？图 2-8（彩图见附录 D）是 MSP430G2 LaunchPad 的引脚图（Revision 1.5），该 LaunchPad 中下部左右两侧各有一排引脚，称为 J1 和 J2。J1 的 10 个引脚从上到下编号为 1～10，J2 的 10 个引脚从下到上编号为 11～20。

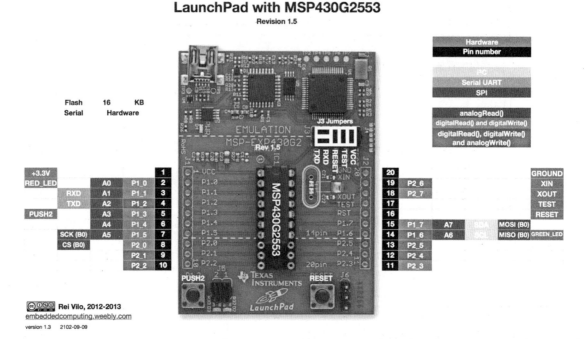

图 2-8　MSP430G2 LaunchPad(Rev 1.5)引脚图

一般不同类型的 LaunchPad 开发板上都有一个红色的 LED 灯，在 MSP430G2 LaunchPad 上选用 2 号引脚连接红色 LED 灯，RED_LED 是为 2 号引脚取的别名。不同类型的 LaunchPad 连接红色 LED 的引脚编号不尽相同，但都取别名为"RED_LED"。在 Energia 程序中直接使用引脚编号和相应的别名效果是一样的，但使用别名更便于程序员记忆与理解，也具有一定通用性。

2.7　挑战

(1) 修改 Blink 示例程序第 14 行代码"# define LED RED_LED"为"# define LED 2"，重新编译和上传程序，观察运行效果。

(2) 修改 Blink 示例程序，使得红色 LED 灯每隔 0.25 s 开关一次。

(3) 修改 Blink 示例程序，使得绿色 LED 灯每隔 1 s 开关一次。

(4) 修改 Blink 示例程序，使得红色 LED 灯和绿色 LED 灯同时闪烁。

(5) 修改 Blink 示例程序，使得红色 LED 灯和绿色 LED 灯交替闪烁。

第3章 编程语言基础以及电路基础常识

Energia 语言是建立在 C/C++ 基础上的,即以 C/C++ 语言为基础,通过把 TI 微控制器相关的一些寄存器参数设置等进行函数化,使开发者可以不需要过多地了解硬件的底层结构,就可以快速地进行 MCU 应用的开发。

3.1 C/C++语言基础

C/C++ 语言是国际上广泛流行的计算机高级语言之一,尤其在进行硬件开发时绝大多数都是使用 C/C++ 语言。使用 Energia 时需要有一定的 C/C++ 基础,因篇幅有限,在此仅对 C/C++ 语言基础进行简单介绍,在此后章节中还会根据需要穿插介绍一些用法。在学习中要注意 Energia 语言遵循 C/C++ 的基本规则,但还具有自身特殊之处。

3.1.1 进制

十进制,逢十进位,每一位可以是十个值 0~9 之一。

二进制,逢二进位,每一位值只能是 0 或 1。计算机(包括 MCU)芯片是基于多个开关管组合而成的,每一个开关管只有开和关两种稳定状态,一般用一位(bit)数字 1 或 0 表示。

十六进制,把 4 个二进制位组合为一位来表示,于是它的每一位可以有 16 个值,用 0~9 再加上 A~F(或者 a~f)表示,逢十六进位,是二进制的一种缩写形式,也是程序中编写中常用的形式。

在一般的 C/C++ 语言书写二进制数据时需要加前缀 0b,但在 Energia 语言中二进制前缀为 B。书写十六进制数据时需要加前缀 0x。表 3-1 所示是三种进制之间的对应关系。

表 3-1 三种进制之间的转换

十进制	二 进 制		十六进制
	标准 C/C++	Energia	
0	0b0	B0	0x00
1	0b1	B1	0x01
2	0b10	B10	0x02
3	0b11	B11	0x03
4	0b100	B100	0x04

（续表）

十进制	二　进　制		十六进制
	标准 C/C++	Energia	
...	...	...	...
9	0b1001	B1001	0x09
10	0b1010	B1010	0x0A
11	0b1011	B1011	0x0B
12	0b1100	B1100	0x0C
13	0b1101	B1101	0x0D
14	0b1110	B1110	0x0E
15	0b1111	B1111	0x0F
16	0b10000	B10000	0x10
17	0b10001	B10001	0x11
...	...	...	...

对于二进制来说，8 位二进制称为一个字节（byte），一个字节二进制的表达范围的值是从 0b00000000 到 0b11111111，十进制就是 0 到 255，而用十六进制表示就是从 0x00 到 0xFF。这里介绍一个从二进制转换成十六进制的方法，二进制 4 位一组，遵循 8/4/2/1 的规律，比如 0b1011，数字大小是 $8×1+4×0+2×1+1×1=11$，那么十进制就是 11，十六进制就是 0xA。如果是一个字节，只需要把 8 位二进制分成两个 4 位，再转换成十六进制对应的位就可以了。

3.1.2　数据类型

C/C++语言程序中，所有数据都必须指定其数据类型。需注意的是，Energia 中的部分数据类型与计算机中的有所不同。数据有常量与变量之分。

1）常量

在程序运行过程中，其值不能改变的量称为常量。C 语言定义常量使用语句：

```
# define 常量名 常量值
```

而 C++语言定义常量则建议使用语句：

```
const 数据类型 常量名 = 常量值;
```

例如：在 Blink 示例中出现的 LED 就是常量，C 语言定义为：

```
# define LED RED_LED
```

在 Energia 语言中预先定义了一些常用常量：

（1）INPUT 和 OUTPUT：表示 I/O 口的方向。INPUT 表示输入，OUTPUT 表示

输出。

（2）HIGH 和 LOW：表示数字 I/O 口的电平。HIGH 为高电平（1），LOW 为低电平（0）。

2）变量

程序运行过程中可以变的量称为变量，其定义如下：

> 数据类型 变量名；

3）基本数据类型

C/C++语言数据有四种基本类型分别为整型、浮点型、字符型和布尔类型。

（1）整型。

整型即整数类型。MSP430（16 bit CPU）为例，Energia 可使用的主要整数类型及取值范围如表 3 - 2 所示。

表 3 - 2　MSP430 整数及其取值范围

类　型	取　值　范　围	占用字节数	说　明
int	$-32\ 768\sim32\ 767$ $(-2^{15}\sim2^{15}-1)$	2	整型
unsigned int word	$0\sim65\ 535$ $(0\sim2^{16}-1)$	2	无符号整型
long	$-2\ 147\ 483\ 648\sim2\ 147\ 483\ 647$ $(-2^{31}\sim2^{31}-1)$	4	长整型
unsigned long	$0\sim4\ 294\ 967\ 295$ $(0\sim2^{32}-1)$	4	无符号长整型
byte	$0\sim255$	1	无符号短整型

不同板卡采用的 CPU 不同，不同整数类型占用的字节数也不尽相同，可以使用 sizeof（类型名）进行检测。

（2）浮点类型。

浮点类型就是平常所说的实数。在 Energia 中有 float 和 double 两种浮点类型，不同 MCU 对两种类型的定义有所差异。一般 float 占用 4 字节内存空间，double 占用 4 字节或 8 字节内存空间，double 类型的精度大于等于 float 的精度。浮点型数据运算较慢并且存在一定误差，因此通常尽可能把浮点数转换成整型来处理。例如：0.1 s，通常会换算成 100 ms 来计算。

（3）字符型（char）。

字符型主要用于存储字符变量，字符类型变量占用 1 个字节的内存空间。在存储字符时，字符需要用单引号括起来，如：'A'。

字符类型变量也可以当作整型数使用，此时它的取值范围为 -128~127；定义成 unsigned char 则可以作为 1 字节的无符号整数使用，此时取值范围为 0~255。

（4）布尔类型（boolean）。

布尔类型的值只有两个：true（真）和 false（假）。布尔类型会占用 1 字节的内存空间。

在编程中选择变量类型时有一个原则：用小不用大。就是说定义 1 个字节 char 能解决问题,就不定义成 int。一方面节省 RAM 空间,另一方面占空间小,程序运算速度也快一些。

4) 复合类型

这里先介绍两个常用的复合类型:数组和字符串。

(1) 数组。数组是由一组具有相同数据类型的数据构成的集合。数组概念的引入,使得在处理多个相同类型的数据时程序更加清晰和简洁。数组定义方式如下:

> 数据类型 数组名称[数组元素个数];

如定义一个有 5 个 int 型元素的数组语句如下:

> int arr[5];

如果要访问数组的某一个元素,需要使用:

> 数组名称[下标]

需要注意的是,数组下标是从 0 开始编号的,对于数组 arr 的有效下标值为 0~4。如将数组 arr 中第 1 个元素赋值为 10 的语句为:

> arr[0] = 10;

除了利用下标对数组元素赋值外,也可以在定义数组时对数组进行赋值,称为初始化。

方 式 1	方 式 2

int arr[5];
arr[0] = 1;
arr[1] = 2;
arr[2] = 3;
arr[3] = 4;
arr[4] = 5;
	int arr[5] = {1,2,3,4,5};

(2) 字符串。字符串的定义方式有两种:一种是以字符类型数组方式定义,另一种是使用 String 类型定义。

以字符类型数组方式定义的语句为:

> char 字符串名称[字符个数];

其使用方式与上面介绍的整型数组使用方法一致。

而大多数情况下是使用 String 类型来定义字符串,该类型提供了一些字符串处理函数,使得字符串使用起来更为方便。定义语句为:

> String 字符串名称;

例如：定义一个名为 language 的字符串，给它赋值为 Energia。可以采用如下两种方式：

方　式　1	方　式　2
String language; language = "Energia";	String language = "Energia";

3.1.3　运算符

C/C++语言中有多种类型的运算符，常见运算符如表 3-3 所示。

表 3-3　C/C++常见运算符

运算符类型	运　算　符	说　　明
算术运算符	=	赋值
	+	加
	-	减
	*	乘
	/	除
	%	取模/取余
比较运算符	==	等于
	!=	不等于
	<	小于
	>	大于
	<=	小于等于
	>=	大于等于
逻辑运算符	&&	逻辑"与"
	||	逻辑"或"
	!	逻辑"非"
复合运算符	++	自加
	--	自减
	+=	复合加
	-=	复合减

3.1.4　程序结构

通过第 2 章的 Blink 例程，我们理解了 LaunchPad 运行的规律：LaunchPad 上电以后，执行一次 setup()函数完成初始化后，就开始周而复始地执行 loop()函数，红色 LED 就开始不停地闪烁。试想假设一个人每天一成不变地机械地做同一件事情，没有发生任何变化，该是多么无聊啊！本节将重点介绍两个重要的控制 MCU 运行顺序的编程要素：分支结构和循环结构，使得 LaunchPad 的"生活"更丰富多彩。

1）分支结构

分支结构又称选择结构。在编程中,经常需要根据当前数据做出判断,以决定下一步的操作。例如,LaunchPad 与一个温度传感器相连,可以读取室外温度。如果室外温度超过 30℃,则打开空调制冷;如果室外温度低于 5℃,则打开空调制热;如果室外温度介于 5～30℃之间,则关闭空调。这时就需要用到分支结构。

选择语句有以下两种形式。

（1）if 语句。if 语句是最常用的选择结构,有两种结构形式。

① 简单分支结构。当表达式为真时,运行语句;否则跳过 if 结构接着往下执行。

```
if(表达式) {
    语句;
}
```

② 双分支结构。当表达式为真时,就运行语句 1,否则运行语句 2。

```
if(表达式) {
    语句 1;
}
else {
    语句 2;
}
```

这里解释一下"表达式为真"的意思：C/C++语言认为当表达式的值不为 0 时,为真;当表达式的值为 0 时,为假。

假设 temp 存放的是 MCU 读取的温度传感器的值,则如下代码可以实现上例：

```
if( temp > 30 ) {
    cooler(on);                  //打开空调制冷
}
if( temp < 5 ) {
    heater(on);                  //打开空调制热
}
if( temp >= 5 && temp <= 30 ) {
    airCondition( off )          //关闭空调
}
```

进一步也可以写出更好一点的代码：

```
if( temp > 30 ) {
    cooler(on);                  //打开空调制冷
}
else {   // temp <= 30
        if( temp >= 5 ) {
```

```
                airCondition( off )           //关闭空调
        }
    else {   // temp < 5
      heater(on);                             //打开空调制热
        }
    }
```

其中 cooler()、heater()和 airCondtion()是设计者自己编写的函数。

（2）switch 语句。当处理比较复杂的问题时，可能会出现有很多选择分支的情况，如果还使用 if … else 的结构编写程序，则使程序显得冗长，且可读性差。此时可以考虑使用 switch 语句，其一般形式为：

```
        switch( 表达式 ) {
            case 常量表达式 1：
                语句 1；
                break;
            case 常量表达式 2：
                语句 2；
                break;
            case 常量表达式 3：
                语句 3；
                break;
            ……
            default:
                语句 n；
                break;
        }
```

需要注意的是，switch 后的表达式的结果只能是整型或字符型，如果使用其他类型，则必须使用 if 语句。

switch 语句结构的流程图如图 3 - 1 所示。

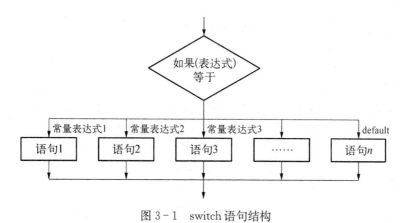

图 3 - 1 switch 语句结构

当表达式的值不等任何一个常量表示式时,则执行语句 n。

2) 循环结构

循环结构,基于特定的条件,重复执行一条或一系列操作。

循环语句常如下两种形式。

(1) while 循环:

```
while(表达式) {
    语句;
}
```

(2) for 循环:

```
for(表达式 1;表达式 2;表达式 3) {
    语句;
}
```

例如,修改 Blink 示例程序让红色 LED 开和关重复执行 10 次。为了突出修改内容,删除了一些原有的注释,增加了一些新的注释。

修改方案 1:

```
# define LED RED_LED

void setup() {
  pinMode(LED, OUTPUT);
}

void loop() {
  for( int i = 0; i < 10; i++ ) {   // 利用 for 循环让红色 LED 闪烁 10 次
      digitalWrite(LED, HIGH);
      delay(1000);
      digitalWrite(LED, LOW);
      delay(1000);
  }
  while(1);   //进入死循环,让程序停留在这里
}
```

修改方案 2:

```
# define LED RED_LED

void setup() {
  pinMode(LED, OUTPUT);
```

```
for( int i = 0; i < 10; i++ ) {    // 利用 for 循环让红色 LED 闪烁 10 次
      digitalWrite(LED, HIGH);
      delay(1000);
      digitalWrite(LED, LOW);
      delay(1000);
   }
 }

void loop() {
   //执行 setup()时红色 LED 已经闪烁 10 次,这里就不需要做任何事情了
 }
```

for 循环实现的代码也可以被 while 循环所代替:

for 循环	while 循环
```for(int i = 0; i < 10; i++) { digitalWrite(LED, HIGH); delay(1000); digitalWrite(LED, LOW); delay(1000); } ```	```int i = 0; while(i < 10) { digitalWrite(LED, HIGH); delay(1000); digitalWrite(LED, LOW); delay(1000); i++ ; } ```

3.1.5　函数

函数把一系列语句放在一起,以完成特定的功能。函数定义一般形式如下:

　　函数返回值类型　函数名(形式参数列表)
　　{
　　　　函数体
　　}

例如,修改 Blink 示例程序,把红色 LED 开和关的过程写成一个函数 ledBlink,要求开与关的时间间隔可以变化。为了突出修改内容,删除了一些原有的注释,增加了一些新的注释。

```
# define LED RED_LED

void setup() {
  pinMode(LED, OUTPUT);
}

void loop() {
    ledBlink(1000);          // 调用 ledBlink 函数
}
```

```
// 定义 ledBlink 函数
// interval 为函数参数,用于控制 LED 灯开关的时间间隔
void ledBlink(int interval) {
    digitalWrite(LED, HIGH);
    delay(interval);
    digitalWrite(LED, LOW);
    delay(interval);
}
```

3.2 常用电子元件和电路搭试板

本节对常见的电子元件和电路搭试板进行简单的介绍。需注意的是,功能相似的电子元件和电路搭试板可能会有不同的型号、不同的封装形式和不同的外观,但一般情况下,它们的原理和使用方法是类似的。

3.2.1 常用电子元件器件

1) 电阻

电阻主要用于控制和调节电路中的电流和电压,在电路中通常起分压、分流的作用。电阻在电路中的使用极其广泛,用法很多。用符号 R 表示电阻,电阻单位有欧姆(Ω)、千欧($k\Omega$)和兆欧($M\Omega$),$1\ M\Omega = 10^3\ k\Omega = 10^6\ \Omega$。电阻种类很多,图 3-2 所示的电阻是最常用的碳膜色环电阻。如何读取色环电阻的值,请阅读附录 E。

2) 电容

电容器是一种能储存电荷的容器,除电阻以外,最常见的元件就是电容了。电容也有很多作用,如旁路、去耦、滤波、储能等,此处暂时不做详细介绍,本书特定章节的具体电路需要使用电容时再进行展开。用符号 C 表示电容,电容单位有法拉(F)、微法(μF)、皮法(pF);$1\ F = 10^6\ \mu F = 10^{12}\ pF$。电容的种类很多,如图 3-2 所示的电容是比较常用的瓷片电容。

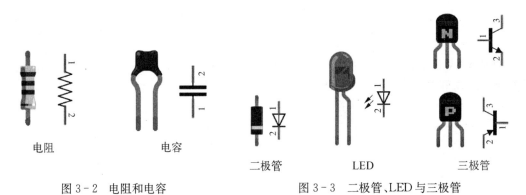

图 3-2　电阻和电容　　　　　图 3-3　二极管、LED 与三极管

3) 二极管

二极管又称晶体二极管,其最大的特性就是单向导电。在电路中,电流只能从二极管的正极流入,负极流出。二极管的负极(N 极),在二极管外表大多采用一种色圈标出来。图 3-3 中的二极管上端为正极(P 极),下端为负极。二极管在电路中使用广泛,作用很多,如整流、稳

压等。

4) LED

LED(见图 3-3)是可以发光的二极管。LED 有正负两极,长脚为正极,短脚为负极。它广泛应用于信号指示和照明等领域。

5) 三极管

三极管(见图 3-3)有发射极 E(emitter)、基极 B(base)和集电极 C(collector)三极。有 PNP 和 NPN 两种类型。三极管是能够起放大、开关或振荡等作用的元件。

3.2.2　电路搭试板

1) 面包板

面包板是一种常用的具有多孔插座的插件板,在进行电路设计时,可以根据电路连接要求,在相应孔内插入电子元器件的引脚以及导线等,使其与孔内弹性接触簧片接触,由此连接成所需的电路。面包板插孔间的距离与双列直插式(DIP)集成电路管脚的标准间距(2.54 mm)相同,因而也适于插入各种数字集成电路。如图 3-4 所示的面包板在上下两边各有两行,这两行习惯上作为电源的正负极插接(但不一定非要作为电源的正负极,可根据自己的使用习惯和电路需要决定)。不同型号的面包板在结构上还会有差异,使用前请仔细阅读使用手册。

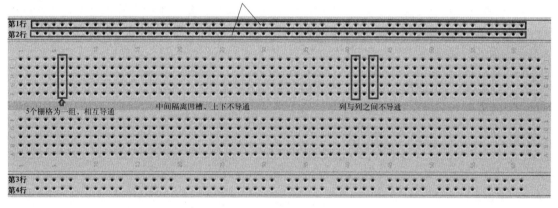

图 3-4　面包板示意

利用面包板搭建电路,对于初学者上手比较快,而且元件可以重复利用。但由于元件和导线是插接而不是焊接在板上,因为搬动造成的机械振动很容易使其上电路连接发生松动,当电路规模比较大时,很难查找到接触不良之处。所以面包板上比较适合搭装临时性小型电路,不可永久性保存。

2) 万能板

万能板的正反面如图 3-5 所示,可见其上密布"洞洞",所以这类器材俗称"洞洞板"。从反面可看到每个洞洞都有一个焊盘,可以将元件或电线的引脚从正面插入洞中,在反面加以焊接,连接成所需电路。所以,其正面又称元件面,反面称焊接面。

由于元器件焊接在洞洞板上,电路连接稳定可靠性较好,可以永久性保存,适合搭建中小规模电路。但需要焊接,对初学者有一定难度,也存在一定的安全风险。

基于上述分析,本书选择面包板作为电路搭试板,完成设计功能性验证。当功能性验证完

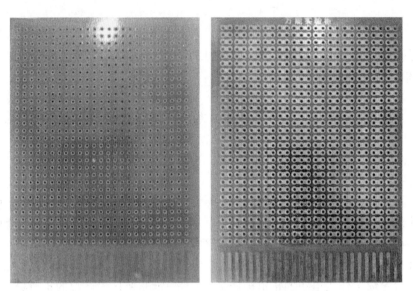

图 3-5 万能板的正面和反面

成后，如果想把电路保存或投入使用，可以进一步学习焊接技术，然后移植到洞洞板上。

　　无论用面包板或者洞洞板搭建的电路尺寸都比较大，如果电路设计对电路板的大小要求比较高，或者电路设计稳定后可以批改生产了，这时可以考虑设计印刷电路板（printed circuit borad，PCB）。我们使用的 LaunchPad 就是一块 PCB。如果有需要请查阅相关方面的资料，这里就不再展开。

第4章 I/O口的控制

本章介绍 MCU 的入门级程序设计,即 I/O 的控制,包括输入/输出方法和一些常用函数的计算。

4.1 数字 I/O 口的使用

4.1.1 数字信号

数字信号是以 0、1 表示的不连续信号,也就是以二进制形式表示的信号。在 Energia 中数字信号用高低电平来表示,高电平为数字信号 1,低电平为数字信号 0。

图 2-8[MSP430G2 LaunchPad(Rev 1.5)引脚图,彩图见附录图 D-1]中有绿色和紫色填充色的引脚都可以作为数字引脚,使用这些引脚可以完成数字信号的输入/输出功能。

在使用输入/输出功能前,需要先通过 pinMode() 函数配置引脚的模式,其调用形式为:

```
pinMode(pin,mode);
```

其中参数 pin 为需要配置的引脚编号,参数 mode 为指定的配置模式。可以使用三种模式:OUTPUT(输出模式)、INPUT(输入模式)和 INPUT_PULLUP(输入上拉模式)。

例如,pinMode(2,OUTPUT),就是把 2 号引脚配置为输出模式。配置为输出模式以后,还需要使用 digitalWrite() 函数使该引脚输出高电平或低电平。其调用形式为:

```
digitalWrite(pin,value);
```

其中参数 pin 为需要配置的引脚编号;参数 value 为要输出的电平,HIGH 表示输出高电平,LOW 表示输出低电平。Energia 中 HIGH 表示输出 3 V 左右电压;LOW 表示输出 0 V 左右电压。

当数字引脚设置为输入时,可以用 digitalRead() 函数读取外部输入的数字信号,其调用形式为:

```
digitalRead(pin);
```

其中参数 pin 为需要配置的引脚编号。Energia 中会将小于等于 2 V 左右的输入电压作为低电平,而大于等于 3~3.6 V 的输入电压作为高电平。需要注意的是,过高的输入电压会损坏 MCU,故电压最高不超过 3.6 V。

在 Energia 库中,HIGH 定义为 1,LOW 定义为 0,OUTPUT 定义为 1,INPUT 定义为 0,

因此也可以用数字代替这些定义。如：

```
pinMode(1,1);
digitalWrite(1,1);
```

但不建议采用这种方法，因为程序的可阅读性比较差。

　　Blink 范例是最简单的 Energia 程序，现在要结合数字输入功能制作一个可控制的 LED。该实验将实现当按住按键时点亮 LED，当放开按键后熄灭 LED。

4.1.2　按键控制 LED

　　这里选用常用的 4 个脚的按键，其内部结构如图 4 - 1 所示。当按下按键时就会接通按键两端，当放开时两端会断开。

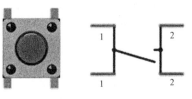

图 4 - 1　按键结构

　　1）所需实验器材

　　实验所需器材包括 MSP430G2 LaunchPad、面包板、1 个 LED、1 个按键、1 个 220 Ω 电阻和 1 个 10 kΩ 电阻。

　　2）连接示意图

　　图 4 - 2 为实验连接示意图。

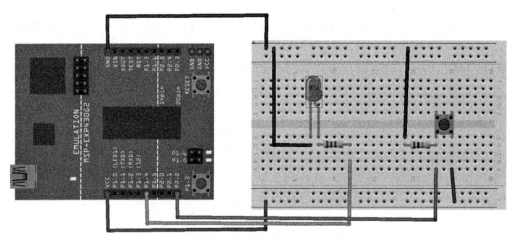

图 4 - 2　按键控制 LED 实验连接示意

　　3）电路原理图

　　图 4 - 3 为实验电路原理图。

　　4）背景知识

　　电路中使用了两个电阻，在 LED 的一端使用了 220 Ω 的电阻，在按键一端使用了 10 kΩ 的电阻，两个电阻的作用分别如下。

　　（1）限流电路。一般 LED 最大能承载的电流为 20 mA，如果直接把 LED 连接到电路中，点亮 LED 时很容易将其烧毁。在 LED 一端串联一个电阻 R_2，可以减少通过 LED 的电流，防止 LED 损坏。这个电阻称为限流电阻。这里选择 R_2 阻值为 220 Ω，利用欧姆定理 $I = U/R$，当 6 号引脚输出高电平时，经过 LED 的电流等于 3 V/220 Ω，约等于 14 mA。实际上，LED 正向工作压降约为 1.2 V，通过 LED 电流会更小一点，（3 V−1.2 V）/220 Ω，约为 5 mA。

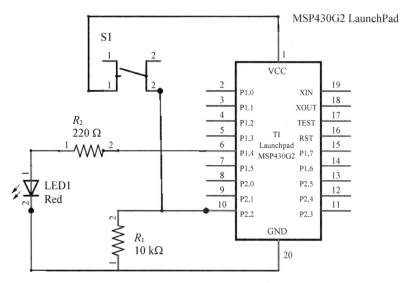

图 4 - 3　按键控制 LED 实验电路原理图

　　(2) 下拉电阻。在 MSP430 MCU 的 10 号引脚到 GND 之间连接一个阻值很大
(10 kΩ)的电阻。如果没有该电阻,当按键没有按下时,10 号引脚会一直处于悬空状
态,此时使用 digitalRead()函数读取 10 号引脚的状态会得到一个不稳定的值(可能是高,
也可能是低),添加电阻 R_1 连接到 GND 是为了稳定引脚的电平,当按键没有按下时,会
被识别为低电平。这种将某节点通过电阻接地的做法称为下拉,因此这个电阻称为下拉
电阻。

　　5) 程序解析

　　当未按下按键时,10 号引脚检测到的输入电压为低电平;当按下按键时,VCC 导通,此时
10 号引脚检测到输入电压为高电平。通过判断按键是否被按下来控制 LED 的亮灭。表 4 - 1
为按键控制 LED 的实验程序清单。

表 4 - 1　按键控制 LED 实验程序清单

1	// 设置各引脚别名
2	const int buttonPin = 10;　　// 连接按键的引脚
3	const int ledPin =　6;　　　　//　连接 LED 的引脚
4	
5	//变量定义
6	int buttonState = 0;　　　　　// 存放按钮状态的变量
7	
8	void setup() {
9	pinMode(ledPin, OUTPUT);　　// 初始化 LED 引脚为输出
10	pinMode(buttonPin, INPUT);// 初始化按键引脚为输入
11	}
12	
13	void loop() {
14	// 读取按键状态并存储在变量中
15	buttonState = digitalRead(buttonPin);

（续表）

16	
17	// 检查按键是否被按下
18	// 如果按钮被按下,则 buttonState 的值为高电平
19	if (buttonState == HIGH) {
20	// 点亮 LED
21	digitalWrite(ledPin, HIGH);
22	}
23	else {
24	// 熄灭 LED
25	digitalWrite(ledPin, LOW);
26	}
27	}

上传并运行程序,当按钮按下时 LED 点亮;当松开按键时,LED 会熄灭。

下面修改以上的项目,把下拉电阻修改为上拉电阻。

6) 使用上拉电阻后的连接示意图

修改后的连接示意图如图 4-4 所示,把下拉电阻原来接 GND 端连接到 VCC 上,按键原来接 VCC 端改接到 GND,电阻 R_1 就由下拉电阻变身为上拉电阻。与下拉电阻不同的是上拉电阻连接到 VCC 上,按键未按下时,10 号引脚稳定在高电位,所以称为上拉电阻。当按钮按下时,10 号引脚为低电平。

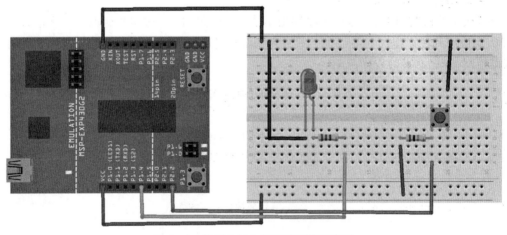

图 4-4 使用上拉电阻后的连接示意图

一般尽量选择较大阻值的电阻作为稳定悬空引脚电平所用的电阻,常用 10 kΩ 电阻。

7) 使用上拉电路后的电路原理图

使用上拉电路后的电路原理如图 4-5 所示。

8) 使用上拉电路后的程序

只需要对表 4-1 所示的按键控制 LED 实验程序清单做些简单修改就可以了。

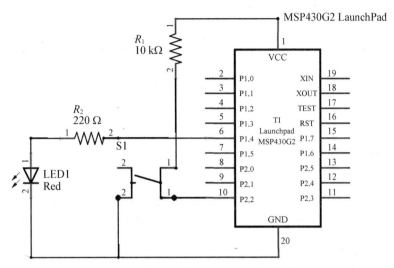

图 4-5　使用上拉电路后的电路原理图

行号	使用下拉电阻的程序（见表 4-1）	使用上拉电阻的程序
18 19	// 按钮按下，buttonState 的值为高电平 　if (buttonState == HIGH) {	//按钮按下，buttonState 的值为低电平 　if (buttonState == LOW) {

9）使用引脚上的内部上拉电阻

MSP430G2 LaunchPad 的每个引脚上都有内置的上拉电阻。修改图 4-4，去掉上拉电阻以及其与 VCC 的连线。要使用引脚上内置的上拉电阻，只需要在 setup（）函数中把 pinMode（buttonPin, INPUT）；修改为：pinMode（buttonPin, INPUT_PULLUP）；即可。

接下来要对 LED 控制程序做一个修改，实现一个新的控制效果，即按一下按钮点亮 LED，再按一下按键熄灭 LED。

4.1.3　LED 开关控制

通常按键所用的开关都是机械弹性开关，当机械点断开或闭合时，由于机械触点的弹性作用，一个按键开关在闭合时不会马上就稳定地接通，在断开时也不会一下子彻底断开，而是在闭合和断开的瞬间伴随一连串抖动，如图 4-6 所示。

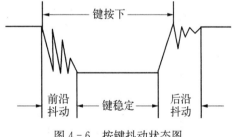

图 4-6　按键抖动状态图

人工操作一次按键，正常速度大约会按下并保持 50～200 ms 然后释放，或者刻意更慢些。抖动时间是由按键的机械特性决定的，一般会在 10 ms 以内，为了确保程序对按键的一次闭合或者一次断开只响应一次，必须进行按键的消抖处理。

一次人工按键操作应包括按下和放开两个过程。程序上，我们可以把每次检测到的按键状态都保存下来，当新一次按键检测进来的时候，与前一次的状态做比较，如果发现这两次按键状态不一致，就说明按键产生动作了。当上一次的状态是未按下而现在是按下，此时按键的动作就是"按下"；当上一次的状态是按下而现在是未按下，此时按键的动作就是"弹起"。显然，每次按键动作都会包含一次"按下"和一次"弹起"，可以任选其一来执行程序，或者两个都用以执行不同的程序也可以(见表4-2)。

表4-2　LED开关控制程序

```
1    const int buttonPin = PUSH2;         // 按键引脚
2    const int ledPin = GREEN_LED;        // LED 引脚
3
4    int ledState = LOW;            // LED 引脚的当前状态
5    int buttonState;              // 按键引脚的当前状态
6    int lastButtonState = HIGH;  // 按键引脚的上一个状态
7
8    // 下面的变量是 long 类型,用毫秒度量的时间
9    long lastDebounceTime = 0;     // 输出引脚切换的最新时间
10   long debounceDelay = 50;        // 防反跳时间,可以根据实际使用按键的性能进行修改
11
12   void setup() {
13     pinMode(buttonPin, INPUT_PULLUP);
14     pinMode(ledPin, OUTPUT);
15     digitalWrite(ledPin, ledState);    // 初始 LED 处于关闭状态
16   }
17
18   void loop() {
19     int reading = digitalRead(buttonPin);   // 读取按键的状态存放到变量 reading 中
20
21     // 如果按键状态发生变化(可能确实是按键"按下"或"弹起"或者抖动)
22     if (reading != lastButtonState) {
23       lastDebounceTime = millis();              // 重置防反跳计时器
24     }
25
26     if ((millis() - lastDebounceTime) > debounceDelay) {
27         // 无论读取的是什么,它都存在了比反跳延迟更长的时间,
28         //确认是一个按键动作(可能是"按下"也可能是"弹起")
29         if( reading != buttonState) {       //当按键的状态发生变化了
30           buttonState = reading;
31           if( buttonState == LOW ) {        // 只选择按键按下动作切换 LED 状态
32               ledState =! ledState;
33           }
34         }
35     }
36
37     digitalWrite(ledPin, ledState);         // 设置 LED
38
39     lastButtonState = reading;              // 保存读取,以备下次循环使用
40   }
```

本程序选择直接使用 LaunchPad 板上的 PUSH2(P1.3)作为按键,绿色 LED(P1.6)作为 LED灯,注意要保证插上该LED灯上面的跳线帽。本示例程序选择"按下"动作控制 LED 的开关,当按键状态发生变化后,如果这个状态维持时间比防反跳延迟时间还长,说明是一个按键动作("按下"或"弹起"),如果是"按下"动作,改变 LED 的开关状态。程序使用到的 millis()

函数返回 MCU 从上电（或复位）开始的运行时间，单位为 ms。在以后的章节还会详细地介绍该函数。

4.2 模拟 I/O 的使用

4.2.1 模拟信号

日常生活中接触到的大多数信号都是模拟信号，如声音和温度的变化。模拟信号用连续变化的物理量来表示的，信号随时间做连续的变化。在 TI LaunchPad 中，常用 0～VCC 的电压来表示模拟量。

在 MSP430G2 LaunchPad 引脚图（见图 D-1）中有蓝色填充色的引脚都可以作为模拟输入引脚，有紫色填充色的引脚都可以作为模拟输出引脚。

模拟输入引脚带有模/数转换器（anglog-to-digital converter，ADC），它可以将外部输入的模拟信号转换成 MCU 运算时可以识别的数字信号，从而达到读入模拟值的功能。使用 MSP430G2553 芯片作为控制器的 LaunchPad 模拟输入功能有 10 位精度，可以将 0～VCC 的电压转换成 0～1 023（$2^{10}-1$）的整数形式表示（见图 4-7）。

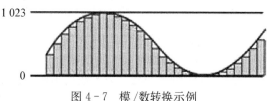

图 4-7 模/数转换示例

模拟输入功能需要使用 analogRead() 函数，用法是：

```
analogRead(pin);
```

其中参数 pin 为需要读取模拟值的引脚编号。

需要注意的是：每读取一次需要花 100 μs 左右的时间。

与模拟输入功能对应的是模拟输出功能，需要使用 analogWrite() 函数。但是该函数并不是输出真正意义上的模拟值，而是以一种特殊的方式来达到输出模拟值的效果，这种方式称为脉冲宽度调制（pulse width modulation，PWM）。当使用 analogWrite() 函数时，指定的引脚会通过高低电平的不断转换来输出一个周期固定（约为490 Hz）的方波，通过改变高低电平在每个周期所占的比例（占空比，duty），从而得到近似输出不同电压的效果，如图 4-8 所示。

1/8(12.5%)的占空比得到的平均电压为 VCC/8,2/8(25%)的占空比得到的平均电压为 VCC/4,依次类推 100% 的占空比得到的平均电压为 VCC。

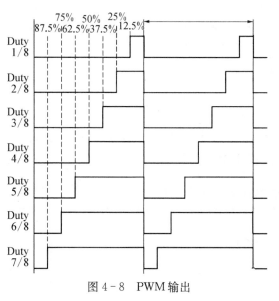

图 4-8 PWM 输出

平均电压(V)＝占空比(%)×VCC(V) (4-1)

需要注意的是，这里仅仅得到了近似模拟

值输出的效果,如果要输出真正的模拟值,还需要加上外围滤波电路。

analogWrite()函数的用法是:

```
analogWrite(pin,value);
```

其中参数 pin 为需要输出 PWM 信号的引脚编号,参数 value 是 PWM 的脉冲宽度,范围为 0~255。

$$输出平均电压=\left(\frac{\text{value}}{255}\right)\times\text{VCC} \tag{4-2}$$

4.2.2 呼吸灯实验

前面已经介绍了几种控制 LED 的方式,但仅仅是开关 LED 显得过于单调,这里可以尝试用 analogWrite()函数输出 PWM 波形来制作一个带呼吸效果的 LED 灯。

1)实验所需材料

实验所需材料包括 MSP430G2 LaunchPad、面包板、1 个 LED 灯、1 个 220 Ω 电阻。

2)连接示意图

呼吸灯实验中选择 9 号(P2.1)引脚作为 PWM 波输出引脚(见图 4-9)。

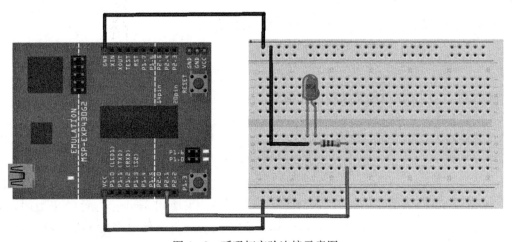

图 4-9 呼吸灯实验连接示意图

3)程序解析

打开 Energia IDE,在菜单栏中打开"File"→"Examples"→"03.Analog"→"Fading",这时在编辑窗口会出现程序如表 4-3 所示。说明:注释部分做了适当调整。

表 4-3 呼吸灯实验程序清单

1	// 设置各引脚别名
2	const int ledPin = 9;　　 // 控制的 LED 引脚
3	
4	void setup()　{

（续表）

```
5        // setup 部分不需要进行任何处理
6    }
7
8    void loop()  {
9        // LED 从暗到明,以每次亮度值加 5 的方式逐渐亮起来
10       for(int fadeValue = 0 ; fadeValue <= 255; fadeValue += 5) {
11           // 输出 PWM,fade value 值编号范围从 0 到 255
12           analogWrite(ledPin, fadeValue);
13           // 等待 30ms,以便观察到渐变效果
14           delay(30);
15       }
16       // LED 从明到暗,以每次亮度值减 5 的方式逐渐暗下来
17       for(int fadeValue = 255 ; fadeValue >= 0; fadeValue -= 5) {
18           //输出 PWM,fade value 值编号范围从 0 到 255
19           analogWrite(ledPin, fadeValue);
20           //等待 30ms,以便观察到渐变效果
21           delay(30);
22       }
23   }
```

上传并运行程序,可以观察到 LED 的亮灭交换渐变,类似呼吸一般的效果。

在以上程序中,setup()函数中之所以没有设置 9 号引脚为输出,是因为 analogWrite()函数内部已经完成了引脚的初始化,因此就不再需要初始化操作了。analogRead()函数也具有同样的功能。程序中通过 for 循环逐渐改变 LED 的亮度,达到显示呼吸的效果。在两个 for 循环中都有 delay(30)的延时语句,这是为了使肉眼能够观察到亮度调节的效果。如果没有这条语句,整个变化效果将一闪而过。

4.2.3　使用电位器调节灯的亮度

本实验演示如何读取电位器的模拟输入,并将结果映射到 0～255 的范围,使用该结果设置 PWM 输出引脚,达到调节 LED 灯亮度的目的。

1）实验所需材料

实验所需材料包括 MSP430G2 LaunchPad、面包板、1 个 LED 灯、1 个 220 Ω 电阻和 1 个 10 kΩ 电位器。

2）电位器

电位器是一个可调电阻,其结构如图 4-10 所示。通过旋转旋钮改变 3 号引脚的位置,从而改变 3 号引脚到两端的阻值。实验中把电位器的 1 号和 2 号引脚分别接到 GND 和 VCC 上,通过模拟输入引脚读取电位器 3 号引脚输出的电压,3 号引脚的电压会在 0～VCC 之间变化。

图 4-10　电位器结构

3）连接示意图

实验中选择 10 号（P2.2）引脚作为 PWM 波输出引脚,电位器的中心引脚连接到 6 号（P1.4）引脚（见图 4-11）。

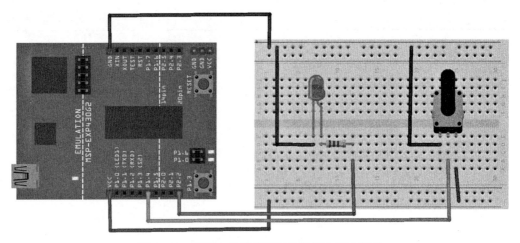

图 4 - 11　使用电位器调节灯的亮度连接示意图

4）电路原理图

使用电位器调节灯亮度的电路如图 4 - 12 所示。

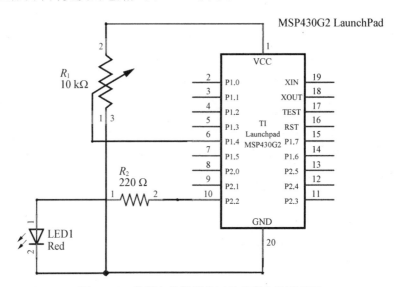

图 4 - 12　使用电位器调节灯的亮度电路原理图

5）程序解析

打开 Energia IDE，在菜单栏中打开"File"→"Examples"→"03. Analog"→ "AnalogInOutSerial"，以该样例代码为基础，根据实际引脚选择进行了修改，完成本次实验的 任务，如表 4 - 4 所示。

表 4 - 4　呼吸灯实验程序清单

1	// 设置各引脚别名	
2	const int analogInPin = 6;	// 电位器连接的模拟输入引脚
3	const int analogOutPin = 10;	// 控制 LED 的 PWM 输出
4		
5	int sensorValue = 0;	// 从电位器读取的值

(续表)

```
6     int outputValue = 0;          // 输出至 PWM 输出引脚的值
7
8     void setup() {
9       Serial.begin(9600);         //串口初始化
10    }
11
12    void loop() {
13      sensorValue = analogRead(analogInPin);      // 读取电位器的模拟量
14      outputValue = map(sensorValue, 0, 1023, 0, 255);   //将其映射到模拟输出的范围
15      analogWrite(analogOutPin, outputValue);     //改变 PWM 输出
16
17      Serial.print("sensor = ");                  //将结果打印到串口监视器
18      Serial.print(sensorValue);
19      Serial.print("\\t output = ");
20      Serial.println(outputValue);
21
22      delay(10);     //在最后一次读取后,等待 10ms,以便 AD 转换器下一次转换稳定
23    }
```

上传并运行程序,旋转定位器,可以观察到 LED 灯的亮度发生变化。

4.2.4　设置 ADC 参考电压

在使用 analogRead() 函数读取模拟输入口的电压时(见图 4-13),函数返回值的计算方法为

$$\text{anglogRead(pin)函数返回值} = \frac{\text{被测电压}}{\text{参考电压}} \times 1\,023 \qquad (4-3)$$

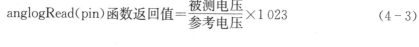

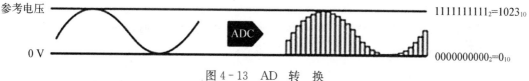

图 4-13　AD 转 换

当用户没有设置参考电压时,Energia 会默认使用工作电压(VCC)作为参考电压。例如,MSP430G2 LaunchPad 如果是通过 USB 供电的话,VCC 为 3.6 V。

当要测量的电压较小或对测量精度要求较高时,可以通过降低参考电压来使测量结果更精准。MSP430 提供了内部参考电压,也可以通过输入高精度的外部参考电压来提高检测精度。使用 analogReference() 函数来设置参考电压,其用法如下:

```
analogReference (type);
```

其中参数 type 的可用选项如表 4-5 所列。

表 4-5　ADC 参考电压可用配置项

选　　项	描　　述
DEFAULT	默认为 LaunchPad 工作电压作为参考电压
INTERNAL1V5	使用内部 1.5 V 参考电压

（续表）

选　　项	描　　述
INTERNAL2V5	使用内部 2.5 V 参考电压
EXTERNAL	使用外部参考电压

需要注意的是，外部输入的电压必须大于 0 V，并且小于当前工作电压，否则可能会损坏 MCU。

4.2.5　设置 ADC 的分辨率

analogReadResolution()函数是 LaunchPad 模拟 API 的扩展，用于设置 analogRead()函数的返回值。不同型号的 LaunchPad 由于使用的 MCU 不同，AD 转换模块的数量和精度也不尽相同。Energia 默认 AD 转换的分辨率为 10 位，但是 MSP432 有 1 个 12 位分辨率的 AD 转换模块，所以分辨率可以设置为 12 bit（0～4 095）。

analogReadResolution()用法如下：

```
analogReadResolution(bits);
```

其中参数 bits 表示分辨率的位数。

4.3　I/O 口高级应用

4.3.1　调声函数

1) tone()

调声函数 tone()主要用于使用蜂鸣器或扬声器发声的场合，通过输出某个频率的方波，以此驱动蜂鸣器或扬声器振动发声，函数用法如下：

```
tone(pin,frequency);
```

或者

```
tone(pin,frequency,duration);
```

参数 pin 表示要输出方波的引脚；frequency 表示方波的频率，为 unsigned int 型；duration 表示方波持续时间，单位为 ms。如果没有 duration 参数，将持续发出设定的音调，直到改变了发声频率或者使用 noTone()函数停止发声。

tone()和 analogWrite()函数都可以输出方波，所不同的是：tone()函数输出方波的占空比固定为 50%，方波的频率可以调节；而 analogWrite()函数输出的频率固定（约为 490 Hz），方波的占空比可以调节。

2) noTone()

noTone()函数的功能是停止指定引脚的方波输出，函数用法如下：

```
notone(pin);
```

参数 pin 表示要停止输出方波的引脚。

3) 简易音乐播放器

本示例通过使用调声函数驱动蜂鸣器播放曲子。

(1) 实验所需材料。实验所需材料包括 MSP430G2 LaunchPad、面包板、1 个小功率无源蜂鸣器、1 个 100 Ω 电阻。

(2) 无源蜂鸣器。蜂鸣器是一种一体化结构的电子讯响器,采用直流电压供电,广泛应用于计算机、打印机、复印机、报警器、电子玩具、汽车电子设备、电话机、定时器等电子产品中作为发声器件。根据其内部是否已有振荡源,可分为有源和无源两种类型。有源蜂鸣器内部带振荡源,所以只要一通电就会叫。而无源蜂鸣器内部不带振荡源,所以直流信号无法令其鸣叫,必须用一定频率的方波去驱动它。不同频率的方波输入,会产生不同的声调。

由于蜂鸣器的工作电流一般比较大,有的 MCU 的 I/O 口是无法直接驱动的,有的 MCU 可以驱动小功率蜂鸣器。MSP430 的 MCU 可以驱动小功率的蜂鸣器,一般在蜂鸣器的正极和 I/O 口之间加一个 100 Ω 限流电阻,以防止过载损坏 MCU。

(3) 连接示意图(见图 4 - 14)。选择 10 号(P2.2)引脚作为 tone( )函数的输出引脚。

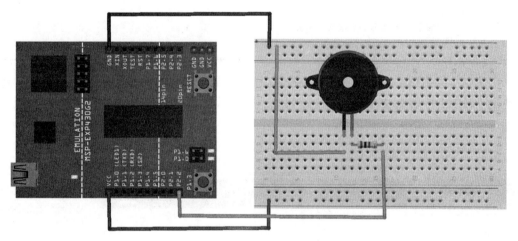

图 4 - 14　简易音乐播放器连接示意图

(4) 程序解析。打开 Energia IDE,在菜单栏中打开"File"→"Examples"→"02. Digital"→"toneMelody",以该样例代码为基础,根据实际引脚选择进行了修改,完成本次实验的任务,如表 4 - 6 所示。程序中使用两个数组 melody[]和 noteDurations[]来记录整个曲谱,然后遍历这两个数组即可实现输出曲子的功能。

表 4 - 6　简易音乐播放器示例程序

1	`# include "pitches.h"`　　　//引用头文件"pitches.h"
2	
3	`int melody[] = {`　　　　// 记录曲子的音符
4	`NOTE_C4, NOTE_G3,NOTE_G3, NOTE_A3, NOTE_G3,0, NOTE_B3, NOTE_C4};`
5	
6	`int noteDurations[] = {`　　// 音符持续时间:4 为四分音符,8 为八分音符
7	`4, 8, 8, 4,4,4,4,4 };`
8	

```
9    void setup() {
10      // 遍历整个曲子的音符
11      for (int thisNote = 0; thisNote < 8; thisNote++ ) {
12        // noteDurations[]数组中存储的是音符类型,需要将其换算成音符持续时间
13        // 方法是:音符持续时间 = 1000 ms / 音符类型
14        // 例如:四分音符 = 1000 / 4,八分音符 = 1000 / 8
15        int noteDuration = 1000/noteDurations[thisNote];
16        tone(8, melody[thisNote],noteDuration);
17
18        //为了能辨别出不同的音调,需要在两个音调之间设置一定的延时
19        // 增加前一个音调延时 * 1.30 比较合适
20        int pauseBetweenNotes = noteDuration * 1.30;
21        delay(pauseBetweenNotes);
22        noTone(8);    // 停止发声
23      }
24    }
25
26    void loop() {
27      // 程序并不重复,因此这里为空
28    }
```

上述程序中引用了一个头文件"pitches.h",该头文件定义了不同音调对应的频率值,程序中使用了其中的一些头文件中的定义。如果是通过示例程序打开的该程序,则会在选项卡中看到这个头文件,如图 4-15 所示。

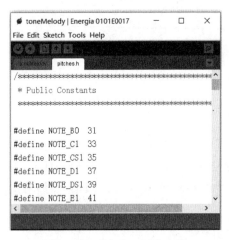

图 4-15 "pitches.h"头文件

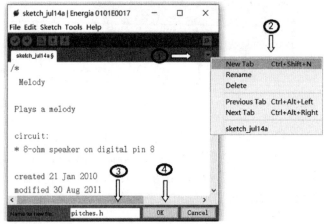

图 4-16 项目中新添加文件

如果是新建的相关文件,则在调用这些音调定义之前,需要先建立一个名为"pitches.h"的头文件。过程如图 4-16 所示,首先在 IDE 窗口中选择串口监视器下面下三角图标,出现快捷菜单,选择"New Tab"菜单项,并在窗口下方的文本框中输入新文件名"pitches.h",然后单击"OK"按钮。

单击"OK"按钮后,IDE 会在项目文件夹中新建一个名为"pitches.h"的文件,并打开该文件,然后把图 4-15 所示的"pitches.h"的内容写入该文件即可。

4.3.2　脉冲宽度测量

1) 脉冲宽度测量函数

pulseIn()函数用于检测指定引脚上脉冲信号的宽度,函数用法如下:

```
pulseIn(pin,value);
```

或者

```
pulseIn(pin,value,timeout);
```

参数 pin 表示要读取脉冲的引脚;value 表示要读取的脉冲类型,为 HIGH 或 LOW;timeout 表示等待脉冲启动的时间,单位为 μs,数据类型为 unsigned long 类型,可选,默认值为 1 s。该函数返回检测到的脉冲宽度,单位为 μs,数据类型为 unsigned long 类型。

例如,当要检测高电平脉冲时,pulseIn()函数会等待指定引脚输入的电平变高,在变高后开始计时,直到输入电平变低时,计时停止。pulseIn()函数会返回脉冲信号的持续的时间,即该脉冲的宽度。如果设定了超时时间,假设超过设定时间仍未检测到脉冲,则会返回 0。

需要说明的是:该函数不能测量特别长的脉冲,适合测量的脉冲宽度为 10 μs~3 min。

下面将设计一个按钮脉冲计时器。

2) 按钮脉冲计时器

本实验用于测量按钮的按下持续时间。直接选用 MSP430G2 LaunchPad 上的 PUSH2 (P1.3)按钮做实验。实现程序如表 4-7 所示。

表 4-7　按钮脉冲计时器

```
1    const int buttonPin = PUSH2;
2
3    unsigned int pulseLen = 0;
4
5    void setup() {
6        pinMode(buttonPin, INPUT_PULLUP);
7        Serial.begin(9600);
8    }
9
10   void loop() {
11       pulseLen = pulseIn(buttonPin,LOW);
12       if( pulseLen != 0) {
13           Serial.println(pulseLen,DEC);
14           pulseLen = 0;
15       }
16   }
```

4.4　时间控制函数

4.4.1　延时函数

使用延时函数可以暂停程序,并通过参数来设定延时时间,有两个延时函数 delay()和 delayMicrosecond()函数。它们的用法是:

```
delay (ms);
```

其中参数 ms 类型是 unsigned long，表示延时的毫秒数。

```
delayMicrosecond(us);
```

其中参数 us 类型是 unsigned int，表示延时的微秒数。长时间停顿（例如 10 000 μs 或更长），建议使用 delay()。对于低于 3 μs 的值，该功能不能精确使用。

在此前的程序中已经多次用到延时函数。

4.4.2 计时函数

使用计时函数能够获得 LaunchPad 从通电（或复位）后到现在的时间，有两个计时函数 millis()和 micros()函数。它们的用法如下：

```
millis();
```

该函数返回系统运行时间，单位为 μs，返回值是 unsigned long 类型，大概 50 天会"溢出"一次（归零）。

```
micros();
```

该函数返回系统运行时间，单位为 μs，返回值是 unsigned long 类型，大概 70 min 会"溢出"一次（归零）。

计数函数比较适合作为定时器使用，不影响 MCU 的其他工作。

修改 Blink 示例，使用 millis()函数代替 delay()函数（见表 4-8）。

表 4-8　使用 millis( )函数实现的 Blink 程序清单

```
1   # define LED RED_LED      //LED 引脚设定
2
3   int ledState = LOW;        //设置 LED 灯的初始状态为关闭
4   unsigned long previousMillis = 0;         // 保存 LED 上一次改变状态的时间
5   unsigned long interval = 1000;            // LED 开关间隔（ms）
6
7   void setup() {
8     pinMode(LED, OUTPUT);
9   }
10
11  void loop() {
12
13    unsigned long currentMillis = millis();     // 读入当前时间值
14    if(currentMillis - previousMillis > interval) {  //距离上次修改时间间隔超过了 interval
15        previousMillis = currentMillis;   // 记录本次修改时间
16
17        if (ledState == LOW)                // 如果原来灯是关着的，则修改状态为亮着
18        ledState = HIGH;
19      else
20        ledState = LOW;
21      digitalWrite(ledPin, ledState);       // 根据状态值开关灯
22  }
```

有时 LaunchPad 需要同时做两件事情,例如,可能想闪烁 LED 的同时读取按钮按下的信息。在这种情况下使用 delay(),因为程序在执行 delay()时暂停。如果在执行 delay()的时间段中,按下按钮,程序将会错过按钮信息。这时就要选择 millis()函数,而不能用 delay()函数。

4.5　与计算机交流(串口的使用)

LaunchPad 与计算机通信最常用的方式就是串口通信,前面的示例中用到了 Serial.begin()和 Serial.print()等语句,这些语句就是在操作串口。

在 MSP430G2 LaunchPad 上,串口位于 3(RXD)和 4(TXD)的两个引脚,LaunchPad 的 USB 口通过一个转换芯片(TUSB341VF)与这两个串口引脚连接(见图 4-17)。该转换芯片会通过 USB 接口在计算机上虚拟出一个用于和 LaunchPad 通信的串口。当通过 USB 数据线将 LaunchPad 与计算机相连时,两者之间就建立了串口连接,就可以互传数据了。

图 4-17　使用串口与计算机通信 J3 跳线帽连接示意图(Rev 1.5)

要想使串口与计算机通信,首先要使用 Serial.begin()函数初始化 LaunchPad 的串口通信功能,Serial.begin()函数的用法是:

```
Serial.begin(speed);
```

其中参数 speed 指串口通信波特率。串口通信的双方必须使用同样的波特率才能正常进行通信。

波特率是一个衡量通信速度的参数,它表示每秒传送的 bit(位)的个数。例如 9 600 波特表示每秒发送 9 600 bits 的数据。串口通信常用的波特率有:300、600、1 200、2 400、4 800、9 600、14 400、19 200、28 800、38 400、57 600、115 200。MSP430G2 LaunchPad 串口最大波特率是 9 600bps。

4.5.1　串口输出

串口初始化完成后,就可以使用 Serial.print()或 Serial.println()函数向计算机发送信息。Serial.print()函数有两种用法:

```
Serial.print(val);
Serial.println(val, format);
```

Serial.println()函数的用法是:

```
Serial.println(val);
```

其中参数 val 是要输出的数据,可以是各种类型的数据。Serial.print(val)语句把 val 通过串口输出,而 Serial.println(val)语句先把 val 通过串口输出后再输出一组回车换行符。如果 val

是整型数的话,参数 format 表示输出采用的进制(DEC:十进制,HEX:十六进制,BIN:二进制);如果 val 是浮点数的话,参数 format 表示小数点的位置。

表 4-9 的示例从 1 开始以十进制、十六进制和二进制显示整数,使用串口输出数据到计算机。

表 4-9　多进制显示程序清单

```
1    int value = 0;    //value 初值为 0
2
3    void setup() {
4      //初始化串口
5      Serial.begin(9600);
6    }
7
8    void loop() {
9      value++ ;    //value 值加 1
10
11     Serial.print("dec: ");        //输出字符串
12     Serial.print(value);          //输出 value 的值,默认采用十进制
13
14     Serial.print(", hex: ");      //输出字符串
15     Serial.print(value, HEX);     //采用十六进制输出 value 的值
16
17     Serial.print(", bin: ");      //输出字符串
18     Serial.println(value, BIN);   //采用二进制输出 value 的值
19
20     delay(1000);
21   }
```

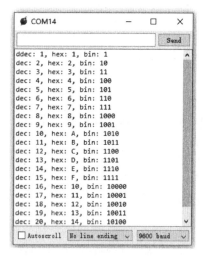

图 4-18　串口监视器输出信息

上传该程序到 LaunchPad,然后单击工具栏右上角的 图标打开串口监视器,可以看到输出信息如图 4-18 所示。

串口监视器是 Energia IDE 自带的一个小工具,可以用来查看串口传来的信息,也可以向连接的设备发送信息。监视器的右下角有一个波特率设置下拉选择项,此处的波特率的设置必须与程序中的设置一致才能正常接收/发送数据。

4.5.2　串口输入

LaunchPad 可以通过串口接收由计算机发出的数据。接收串口数据需要使用 Serial.read()函数,用法是:

```
Serial. read();
```

调用该函数,每次都会返回 1 字节的数据,该返回值是从当前串口读到的数据。

上传下面程序(见表 4-10)到 LaunchPad,程序上传成功后,打开串口监视器,如图 4-19 所示。在还没有输入任何内容的时候,显示窗口出现很多乱码。在"Send"按钮左侧的文本框

输入要发送的信息,如"Hello",然后点击"Send"按钮,则会看到除了输出"Hello"外还会输出很多乱码。

表 4 - 10　串口输入示例 1

```
1    void setup() {
2      //初始化串口
3      Serial.begin(9600);
4    }
5
6    void loop() {
7      // 读取输入信息
8      char ch = Serial.read();
9      // 输出信息
10     Serial.print(ch);
11     delay(1000);
12   }
```

图 4 - 19　串口输出信息

图 4 - 20　结合 Serial.availabe() 函数的效果

在使用串口时,MCU 会在 RAM 中开辟一段大小为 64 B 的空间,串口接收到的数据都会被暂时存放在该空间中,这个存储空间被称为串口缓存区。如果缓存区中有数据时,调用 Serial.read() 函数将从缓存区中取出 1 个字节数据;当缓存区中没有可读数据时,Serial.read() 函数会返回 int 型值 −1,而 −1 对应的 char 型数据便是该乱码。修改表 4 - 10 中程序第 8 行 "char ch = Serial.read();"为"int ch = Serial.read();",重新上传程序,再次运行观察现象。

通常在使用串口读数据时,需要搭配使用 Serial.available() 函数(见图 4 - 20),该函数的返回值表示当前缓存区中接收到的数据字节数。Serial.available() 函数可以搭配 if 或者 while 语句来使用,首先检测缓存区中是否有可读数据,如果有数据,再读取;如果没有数据,则跳过读取或等待读取。如:

```
if( Serial.available() > 0 )
```

或者

```
while( Serial.available() > 0 )
```

上传表 4 - 11 所示程序到 LaunchPad。

表 4‐11　串口输入示例 2

```
1    void setup() {
2      //初始化串口
3      Serial.begin(9600);
4    }
5
6    void loop() {
7      if( Serial.available() > 0 ) {
8        // 读取输入信息
9        char ch = Serial.read();
10       // 输出信息
11       Serial.print(ch);
12       delay(1000);
       }
     }
```

需要注意的是,在串口监视器下方有两个下拉菜单,一个是设置结束符,另一个是设置波特率。如果已设置了结束符,则在发送数据结束后,自动发送一组已设定的结束符,如回车符和换行符。

4.5.3　串口控制开关 LED 灯

本实验将完成通过串口输入字符'k',点亮 LaunchPad 板卡上的红色 LED 灯;输入字符'g',关闭红色 LED。示例程序代码如表 4‐12 所示。

表 4‐12　串口控制开关 LED 灯程序清单

```
1    # define LED RED_LED
2
3    void setup() {
4      //初始化串口
5      Serial.begin(9600);
6      pinMode(LED,OUTPUT);
7    }
8
9    void loop() {
10     if( Serial.available() > 0 ) {
11       // 读取输入信息
12       char cmd = Serial.read();
13       if( cmd == 'k') {
14           digitalWrite(LED,HIGH); //开灯
15           Serial.println("Light On");
16       }
17       else if(cmd == 'g') {
18           digitalWrite(LED,LOW); //关灯
19           Serial.println("Light Off");
20       }
21     }
22   }
```

4.6　外部中断

什么是中断？在人们的日常生活中,中断是非常常见的现象:假设你正在看书,手机铃响了,于是暂停看书,拿起手机接电话;正在和对方通话时,门铃响了,是快递小哥送快递;你通知打电话的对方稍等一下,然后去开门,并在门口签收快递,然后把门关好;继续打电话,通话结束后,接着看书(见图4-21)。

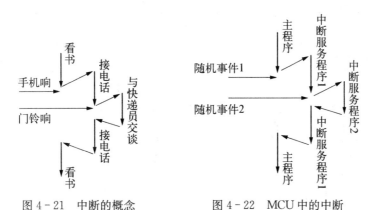

图4-21　中断的概念　　　　图4-22　MCU中的中断

同样的道理,在MCU中也存在中断的概念,在计算机或MCU中中断是由于某个随机事件的发生,计算机暂停原来程序的运行,转去执行另一段程序,处理完毕后又自动返回原程序继续运行(见图4-22)。

程序运行过程中时常要监控一些事情的发生,如对某一传感器的检测结果做出反应。截至目前本书介绍过的程序都是通过循环反复检测传感器的状态(该方法称为轮询方式),其效率较低,不能保证实时检测,而使用中断方式进行检测可以达到实时检测的效果。

如图4-22所示,中断服务程序可以看作是一段独立于主程序之外的程序,当中断被触发时,MCU会暂停当前正在运行的主程序,而跳转去运行中断服务程序;当中断服务程序运行完成后,会再回到之前主程序暂停的位置,继续运行主程序。

4.6.1　外部中断函数

外部中断是由外部设备发起请求的中断。要想使用外部中断,需要了解中断申请的来源(引脚的位置),根据外部设备选择中断的模式,以及中断触发后需要执行的中断服务函数。

1) attachInterrupt()函数

attachInterrupt()函数用于指定外部中断发生时调用的中断服务函数,函数用法如下:

```
attachInterrupt(interrupt, function, mode);
```

参数interrupt为中断编号,在MSP430G2 LaunchPad中引脚编号就是中断编号;function为中断服务函数,当中断被触发后会立即运行此函数;mode为中断模式。大部分LaunchPad支持的中断模式如表4-13所示。

表 4-13 中 断 模 式

模式名称	说　　　明
LOW	低电平触发（MSP430,C2000 不支持该模式）
CHANGE	电平变化触发,即高电平变低电平,低电平变高电平
RISING	上升沿触发,即低电平变高电平
FALLING	下降沿触发,即高电平变低电平

2) 中断服务函数

中断服务函数是中断被触发后要去执行的函数,该函数不能带任何参数,且返回值类型为空,例如:

```
void blink() {
  ledState =! ledState;
  flag = HIGH;
}
```

需要注意:在中断服务函数代码中需修改的全局变量要定义成 volatile。

3) detachInterrupt()函数

detachInterrupt()函数表示取消中断,函数用法如下:

```
detachInterrupt(interrupt);
```

参数 interrupt 表示取消中断的编号,在 MSP430G2 LaunchPad 中引脚编号就是中断编号。

4) interrupts()函数

interrupts()函数用于禁止中断之后启动中断。默认情况下,启动中断以允许重要任务在后台进行。函数用法如下:

```
interrupts();
```

5) nointerrupts()函数

nointerrupts()函数的作用是禁用中断。函数用法如下:

```
nointerrupts ();
```

一些重要时间的敏感代码,在进行过程中不希望被中断所影响,可以提前使用 nointerrupts()禁止中断,等敏感代码整体执行完后,再调用 interrupts()开启中断。

4.6.2　利用中断实现的 LED 开关控制按钮

修改上一节 LED 开关控制程序,利用中断实现。本实验选用 LaunchPad 板上的 PUSH2 按键和绿色 LED 灯,如表 4-14 所示。

表 4 - 14 利用中断实现的 LED 灯开关控制程序

```
1    volatile int ledState = HIGH;    // 设置 LED 的状态
2    volatile int flag = HIGH;         // 中断发生标志
3    int count = 0;                    // 记录按钮按下次数
4
5    void setup()
6    {
7      Serial.begin(9600);
8
9      pinMode(GREEN_LED, OUTPUT);           // 选择 GREEN_LED 作为输出
10     digitalWrite(GREEN_LED, ledState);// LED 初始状态为亮
11
12     pinMode(PUSH2, INPUT_PULLUP);        // 选择 PUSH2 为按键
13     // 设置中断,下降沿触发,blink 为中断服务函数
14     attachInterrupt(PUSH2, blink, FALLING); }
15
16   void loop()
17   {
18     if(flag) {      //如果中断发生
19       count++ ;    // 记录中断发生次数
20       Serial.println(count);
21       flag = LOW; // 重置中断状态
22     }
23       digitalWrite(GREEN_LED, ledState);
24   }
25
26   void blink()
27   {
28     ledState =! ledState;    // 切换 LED 状态
29     flag = HIGH;             // 中断发生
30   }
```

第5章 常用数字/模拟传感器的使用

传感器(transducer/sensor)是一种检测装置,能感受到被测量的信息,并能将感受到的信息按一定规律变换成为电信号或其他所需形式的信息输出,以满足信息的传输、处理、存储、显示、记录和控制等要求。

传感器的特点包括微型化、数字化、智能化、多功能化、系统化、网络化。它是实现自动检测和自动控制的首要环节。传感器的存在和发展,让 MCU 有了"触觉"、"味觉"和"嗅觉"等感觉,让 MCU 慢慢变得活了起来。根据其基本感知功能分为热敏元件、光敏元件、气敏元件、力敏元件、磁敏元件、湿敏元件、声敏元件、放射线敏感元件、色敏元件和味敏元件十大类,一般的使用者不需要了解传感器的内部细节。

本章主要根据传感器输出信号的形式来分类,分为数字传感器和模拟传感器。这些传感器的使用都大同小异,只需要知道它是输出数字值还是模拟值,然后对应使用 digitalRead()或者 analogRead()函数读取即可。这些属于使用相对比较简单的传感器,在以后的章节我们还会接触功能比较复杂的传感器。

下面列举几个常见的数字传感器和模拟传感器,每个传感器模块将从原理与应用示例这两部分进行说明,以便引导读者在实际项目进行合理的选择。

5.1 光敏电阻

5.1.1 原理

图 5-1
光敏电阻

光敏电阻器(见图 5-1)又称为光感电阻,是利用半导体的光电效应制成的一种电阻值随入射光的强弱而改变的电阻器:入射光强,电阻减小;入射光弱,电阻增大。光敏电阻器一般用于光的测量、光的控制和光电转换(将光的变化转换为电的变化)。光敏电阻可广泛应用于各种光控电路,如对灯光的控制、调节等场合,也可用于光控开关。

光敏电阻的使用方法很简单,只需将其作为一个电阻接入电路中,然后使用 analogRead()函数读取电压即可。由于光敏电阻的阻值一般较大,直接接入电路后观察到的电压变化并不明显,所以这里采用将光敏电阻与一个普通电阻串联,再根据串联分压的方法来读取光敏电阻上的电压。

5.1.2 光控灯

本实验的目的:当光线不足时,点亮 LED 灯,否则关闭 LED 灯。

1) 实验所需材料

实验所需的材料包括 MSP430G2 LaunchPad、一块面包板、一个光敏电阻、1 个 1 kΩ 电阻和一个 220 Ω 电阻。

2）连接示意图

光敏电阻一端接 VCC，另一端接 1 kΩ 电阻，并作为输入连接 6 号（P1.4）引脚；选择 10 号（P2.2）引脚作为输出控制 LED（见图 5-2）。

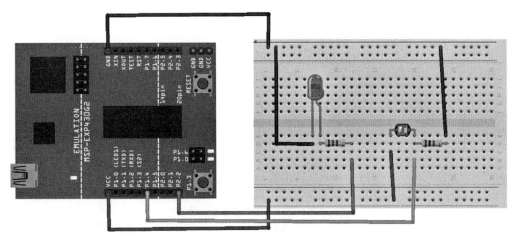

图 5-2　光敏电阻应用连线示意图

3）电路原理图

图 5-3 为电路原理图。

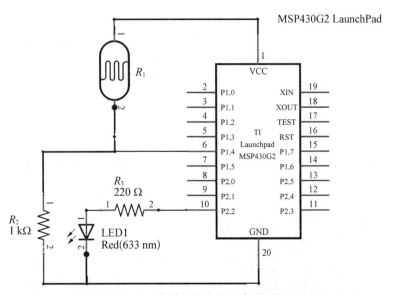

图 5-3　光敏电阻应用电路原理图

4）程序解析

输入引脚读入的电压值 $=\dfrac{R_2}{R_1+R_2}\cdot$ VCC，当电压值低于设定的门限值（光线不足）时，打开 LED 灯，否则关闭 LED 灯。完整实验程序如表 5-1 所示。

表 5-1　光敏电阻应用示例程序

```
1    const int ledPin = 10;          // 设置 LED 引脚
2    const int potPin = 6;           // 光敏电阻接在 6 号引脚
3    const int minLight = 200;       // 最小光线门限值,可以根据实际需要进行修改
4
5    int ledState = LOW;
6
7    void setup()
8    {
9      pinMode(ledPin, OUTPUT);
10     Serial.begin(9600);
11   }
12
13   void loop()
14   {
15     int potValue = analogRead(potPin);   // 读取光敏电阻值
16     Serial.println(potValue);
17
18     if( (potValue < minLight) && (ledState == LOW) ) {   // 光线不足时
19         digitalWrite(ledPin,HIGH);                    // 打开 LED
20         ledState = HIGH;
21     }
22     if( (potValue > minLight) && (ledState == HIGH) ) { // 光线充足时
23         digitalWrite(ledPin,LOW);                     // 关闭 LED
24         ledState = LOW;
25     }
26       delay(1000);
     }
```

5.2　三轴加速度计

5.2.1　原理

ADXL335 是一款小尺寸、薄型、低功耗、完整的三轴加速度计,提供经过信号调理的电压输出,该产品的满量程加速度测量范围为±3g(最小值),可以测量倾斜检测应用中的静态重力加速度,以及运动、冲击或振动导致的动态加速度(见图 5-4、图 5-5 和表 5-2)。

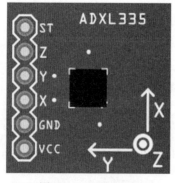

图 5-4　ADXL335

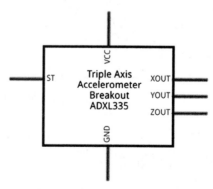

图 5-5　ADXL335 原理图

表 5 - 2　ADXL355 三轴加速度计参数

参　　　数	取　　　值
工作电压 /V	1.8~3.6
工作电流 /μA	350
抗冲击能力 /g	10 000
测量精度	±3g（最小值）

5.2.2　显示 ADXL335 三轴的值

本实验的目的：显示 ADXL335 三轴(X,Y,Z)的值。

1）实验所需材料

实验所需的材料包括 MSP430G2 LaunchPad、一块面包板和一个 ADXL335。

2）电路连接示意图

ADXL335 的 X、Y 和 Z 三轴的输出分别连接 LaunchPad 的 2 号、5 号和 6 号引脚，注意：红色 LED 灯的跳线帽要拔掉（见图 5 - 6）。

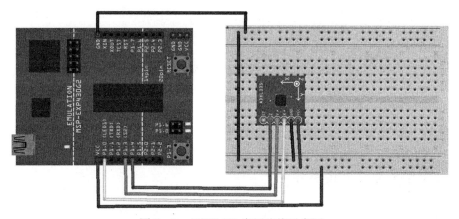

图 5 - 6　ADXL335 应用连线示意图

3）电路原理图

图 5 - 7 为 ADXL335 应用电路原理图。

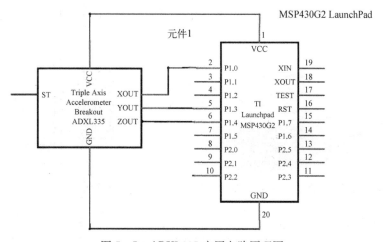

图 5 - 7　ADXL335 应用电路原理图

4）程序解析

依次读取 ADXL335 的 X、Y 和 Z 轴值，并在串口监视器上输出（见表 5-3）。

表 5-3　ADXL335 应用示例程序清单

```
1    const int xpin = A0;                        // ADXL335 X 轴连接的引脚（2 号）
2    const int ypin = A3;                        // ADXL335 Y 轴连接的引脚（5 号）
3    const int zpin = A4;                        // ADXL335 Z 轴连接的引脚（6 号）
4
5    void setup()
6    {
7      Serial.begin(9600);                       // 串口初始化
8    }
9
10   void loop()
11   {
12     Serial.print(analogRead(xpin));    //输出 X 轴的值
13     Serial.print("\t");                       // 两个值之间输出一个 TAB 键
14
15     Serial.print(analogRead(ypin));    //输出 Y 轴的值
16     Serial.print("\t");
17
18     Serial.print(analogRead(zpin));    //输出 Z 轴的值
19     Serial.println();
20     delay(100);
21   }
```

5.3　人体热释电红外传感器

5.3.1　原理

人体热释电红外传感器（见图 5-8）是一种对人体辐射出的红外线敏感的传感器。当无人在其检测范围内运动时，传感器保持输出低电平；当有人在其检测范围内运动时，传感器输出一个高电平脉冲信号。人体热释电红外传感器的检测范围一般小于等于 $100°$锥角，距离 $3\sim7$ m。可以通过传感器上的电位器调节其检测范围和高电平脉冲的持续时间。其原理如图 5-9 所示。

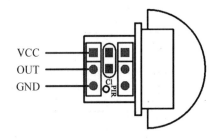

图 5-8　人体热释电红外传感器　　　图 5-9　人体热释电红外传感器原理图

5.3.2　人体感应灯

本实验的目的：制作一个人体感应灯。当人靠近时，LED 灯就会亮。

1）实验所需材料

实验所需的材料包括 MSP430G2 LaunchPad、一块面包板和一个人体热释电红外传感器，LED 灯直接使用板卡上红色 LED 灯。

2）连接方式

人体热释电红外传感器的 VCC 和 GND 引脚分别连接 LaunchPad 的 VCC 和 GND，OUT 引脚连接 LaunchPad 的 6 号引脚。

3）程序解析

当检测有人出现时点亮 LED 灯 5 s，然后关闭 LED 灯。其程序如表 5－4 所示。

表 5－4　人体热释电红外传感器应用示例程序

```
1    const int ledPin = 2;      // 设置 LED 引脚
2    const int RIRPin = 6;       // 人体热释电红外传感器 OUT 接在 6 号引脚
3
4    void setup()
5    {
6      pinMode(ledPin, OUTPUT);
7      pinMode(PIRPin, INPUT);
8      Serial.begin(9600);
9    }
10
11   void loop()
12   {
13     // 等待传感器检测到人
14     while(! digitalRead(PIRPin)) { }
15     // 将灯打开 5 s，然后关闭
16     digitalWrite(ledPin,HIGH);            // 点亮 LED
17     Serial.println("Light On");
18     delay(5000);
19     digitalWrite(ledPin,LOW);            // 关闭 LED
20     Serial.println("Light Off");
21   }
```

第6章 显示控制

显示部分是项目设计中比较重要的一个部分,合理的显示一方面可以让我们知道当前设备的运行状态,从而为对其进行调试提供方便;与此同时,它也是作为项目设计成果的一个展示窗口。

6.1 LED

6.1.1 原理

前文中的实验我们多次用到了 LED 灯,LED 是发光二极管的简称,由含镓(Ga)、砷(As)、磷(P)、氮(N)等的化合物制成,常用的是发红光、绿光或黄光的二极管。发光二极管的反向击穿电压>5 V。它的正向伏安特性曲线很陡,使用时必须串联限流电阻以控制通过二极管的电流。限流电阻 R 可用下式计算:

$$R = (E - U_F)/I_F \tag{6-1}$$

式中,E 为电源电压;U_F 为 LED 的正向压降;I_F 为 LED 的正常工作电流。

不同颜色的发光二极管,其正向压降也不同,对于直插式 LED,一般压降参考值为:红色 2 V 左右,蓝色、绿色 3 V 左右。LED 的额定电流为 20 mA,超过额定电流时就有烧掉的危险,一般控制在 5~10 mA 就比较亮了,所以必须串联限流电阻以控制通过二极管的电流。

6.1.2 RGB LED

RGB LED(见图 6-1)利用由红、蓝和绿三个颜色 LED 灯并联而成。每种颜色的灯上的驱动电压不一样,亮度就不一样,它们组合在一起,形成了各种颜色。

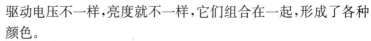

RED —— BLUE

GND   GREEN

图 6-1　RGB LED

本实验的目的:红、蓝和绿三个 LED 随机显示不同的亮度,组成一个绚丽的彩灯。

1) 实验器材

实验所需的材料包括 MSP430G2 LaunchPad、一个 RGB LED 灯、一个 150 Ω 电阻和两个 100 Ω 电阻。

2) 电路连接示意图

分别选择 LaunchPad 的第 8~10 号引脚控制 RGB LED 灯的蓝色、绿色和红色 LED 灯(见图 6-2)。

3) 程序解析

程序清单如表 6-1 所示。

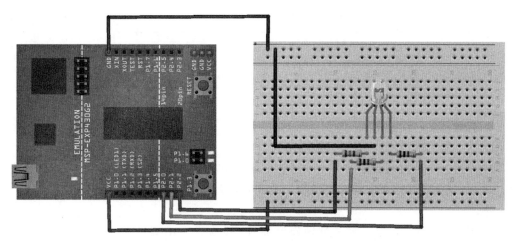

图 6-2　RGB LED 应用连接示意图

表 6-1　RGB LED 应用示例程序清单

```
1    const int redPin = 10;
2    const int greenPin = 9;
3    const int bluePin = 8;
4
5    void setup()
6    {
7        pinMode(redPin,OUTPUT);
8        pinMode(greenPin,OUTPUT);
9        pinMode(bluePin,OUTPUT);
10       randomSeed(analogRead(A0));       // 初始化随机数产生器
11   }
12
13   void loop()
14   {
         analogWrite(redPin, random(255));   // 根据随机值调整红色 LED 的亮度
         delay(random(50,500));              // 延迟一个随机时间(50<= 延迟时间<500ms)
         analogWrite(greenPin, random(255)); // 根据随机值调整绿色 LED 的亮度
         delay(random(50,500));
         analogWrite(bluePin, random(255));  // 根据随机值调整蓝色 LED 的亮度
         delay(random(50,500));
     }
```

本实验用到了随机产生的函数,下面进行说明。

(1) random()函数。函数用法如下:

```
random(max);
random(min,max);
```

参数:min 表示产生随机数的下界(包含),可以省略,默认值为 0,类型为 long;max 表示产生随机数的上界(不包含),类型为 long。返回值:返回一个[min,max)整数,返回值类型为 long。

（2）randomSeed()函数。函数用法如下：

```
randomSeed(seed);
```

参数：seed 表示初始化随机数产生器，类型为 long int。返回值：无。

6.2 数码管

数码管是一种常见的普遍的显示数字的显示器件，日常生活中，常见如电子钟、电磁炉、全自动洗衣机、太阳能水温显示等数不胜数。掌握数码管的显示原理是很有必要的。

6.2.1 原理

数码管（见图 6-3）是一种半导体发光器件，其基本单元就是发光二极管。数码管分为七段数码管和八段数码管，八段数码段比七段数码管多了一个发光二极管，用于显示小数点。

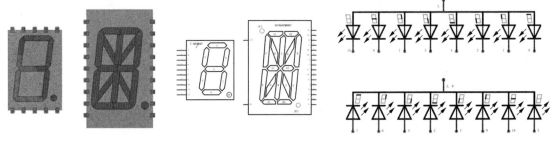

图 6-3　数码管原理图

根据发光二极管连接方式不同分为共阳数码管和共阴数码管。共阳数码管所有的发光二极管的阳极连接在一起形成一个公共（COM）阳极，应用时应将公共极接到电源 VCC 上，当某一字段发光二极管的阴极为低电平时，相应的字段就点亮；当某一字段发光二极管的阴极为高电平时，相应的字段就熄灭。共阴数码管是指将所有发光二极管的阴极接到一起形成公共（COM）阴极的数码管。共阴数码管在应用时应将公共极 COM 接到地线 GND 上，当某一字段发光二极管的阳极为高电平时，相应字段就点亮。当某一字段的阳极为低电平时，相应字段就不亮。

本实验用的是共阴极的数码管，将公共阴极与 GND 之间接一个限流电路。

6.2.2 显示十六进制数字

本实验的目的：使用数码管循环显示十六机制的数字 0～9、A～F，其中 B 和 D 用相应的小写字母 b 和 d 表示。

1）实验所需材料

实验所需的材料包括 MSP430G2 LaunchPad、一块面包板、一个八段共阴数码管和一个 220 Ω 电阻。

2）电路连接示意图

分别使用 LaunchPad 的第 13，15，8，9，10，12，11，7 号引脚连接数码管的 a，b，c，d，e，f，g，dp 段，共阴极连接一个 220 Ω 电阻，然后接地（见图 6-4）。

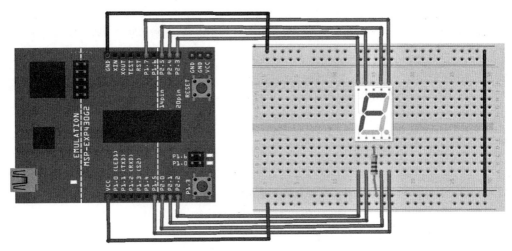

图6-4 数码管应用连接示意图

3）程序解析

程序清单如表6-2所示。

表6-2 数码管应用示例程序清单

```
1    //定义数字接口 13,15,8,9,10,12,11,7 连接 a,b,c,d,e,f,g,dp 段数码管
2    unsigned char segPins[8] = {13,15,8,9,10,12,11,7};
3
4    // 将显示数字或符号转换为共阴数码管的笔画值
5    // 例如,要显示数字 1,需要向数码管的 b 和 c 段输出高电平,向其他段输出
6    // 低电平即可,数字 1 的笔画为 0x06,转换成二进制位 00000110
7    // 从右向左(低到高)对应 a,b,c,d,e,f,g,dp 段所连接 LaunchPad 引脚的输出
8
9    unsigned char digitSegment(unsigned char digit) {
10       unsigned char segment = 0;
11       switch (digit) {
12         case 0:segment = 0x3F; break;
13         case 1:segment = 0x06; break;
14         case 2:segment = 0x5B; break;
15         case 3:segment = 0x4F; break;
16         case 4:segment = 0x66; break;
17         case 5:segment = 0x6D; break;
18         case 6:segment = 0x7D; break;
19         case 7:segment = 0x07; break;
20         case 8:segment = 0x7F; break;
21         case 9:segment = 0x6F; break;
22         case 10:segment = 0x77;break;
23         case 11:segment = 0x7C;break;
24         case 12:segment = 0x39;break;
25         case 13:segment = 0x5E;break;
26         case 14:segment = 0x79;break;
27         case 15:segment = 0x71;break;
28       }
```

```
29        // segment =~ segment;    //如果使共阳极数码管,只需把此语句前面 //去掉即可
30        return segment;
31      }
32
33      // 按照数字对应的共阴数码管的笔画值从低位到高位依次写入数码管对应的段
34      void serialOutput(unsigned char code)
35      {
36        unsigned char i;
37        for(i = 0;i < 8; i++ ) {
38          if( code & 0x01)
39            digitalWrite(segPins[i],HIGH);
40          else
41            digitalWrite(segPins[i],LOW);
42          code >>= 1;
43        }
44      }
45
46      void setup()
47      {
48        unsigned char i;    //定义变量
49
50        for(i = 0;i < 8; ++ i)      // 设置数码管 8 段对应连接的引脚为输出模式
51              pinMode(segPins[i],OUTPUT);
52      }
53
54      void loop() {
55
56        unsigned char i;
57        unsigned char code;
58        for(i = 0;i < 16; ++ i) {
59            code = digitSegment(i);   // 获取 i 对应的笔画值
60            serialOutput(code);        // 显示 i 对应的 16 进制数
61            delay(1000);
62        }
63      }
```

本实验用到了二进制的位(bit)操作运算,C/C++语言的位运算操作符有：&、|、^、~、<< 和>>。

首先介绍一下 1 位二进制数之间的操作,假设变量 b1、b2 是两个 1 位二进制数,则两个变量的位操作结果如下：

b1	b2	b1&b2	b1|b2	b1^b2	~b1
0	0	0	0	0	1
0	1	0	1	1	1
1	0	0	1	1	0
1	1	1	1	0	0

（1）& 按位与，c ＝ a & b，将 a、b 对应的每一位都进行 & 运算，结果保存在 c 中。

例如：

```
unsigned char a =  92;          // 二进制：01011100
unsigned char b = 101;          // 二进制：01100101
unsigned char c = a & b;        //  结果：01000100，十进制 68
```

（2）| 按位或，c ＝ a | b，将 a、b 对应的每一位都进行|运算，结果保存在 c 中。

例如：

```
unsigned char a =  92;          // 二进制：01011100
unsigned char b = 101;          //  二进制：01100101
unsigned char c = a | b;        //  结果：01111101，十进制 125
```

（3）^ 按位异或，c ＝ a ^ b，将 a、b 对应的每一位都进行^运算，结果保存在 c 中。

例如：

```
unsigned char a =  92;          // 二进制：01011100
unsigned char b = 101;          //  二进制：01100101
unsigned char c = a ^ b;        //  结果：00111001，十进制 57
```

（4）~按位非，c ＝ ~a，将 a 的每一位都进行取反运算，结果保存在 c 中。

例如：

```
unsigned char a =  92;          // 二进制：01011100
unsigned char c =  ~a ;         //  结果：10100011，十进制 163
```

（5）<< 左移，c ＝ a<<n，将 a 的二进制表示的值向左移动 n 位，右边补 n 位 0，结果保存在 c 中。

例如：

```
unsigned char a =  92;          // 二进制：01011100
unsigned char c =  a<< 3 ;      //  结果：11100000，十进制 224
```

（6）>> 右移，c ＝ a>>n，将 a 的二进制表示的值向右移动 n 位，左边补 n 位 0，结果保存在 c 中。

例如：

```
unsigned char a =  92;          // 二进制：01011100
unsigned char c =  a >> 3 ;     //  结果：00001011，十进制 11
```

6.2.3　使用 74HC595 扩展 I/O 口

在上面实验中使用 1 位数码管需要 8 个 I/O 引脚，假设需要 4 位数码管，则至少需要 4×8＝32 个 I/O 引脚，而 MSP430G2 LaunchPad 引脚只有 20 个，是远远不够的，这就需要使用一些辅助手段来扩展引脚，这里介绍一款芯片 74HC595，如图 6-5 所示。

74HC595 是一个 8 位串行输入/并行输出芯片，可以将输入的串行信号转行成并行信号输出。74HC595 只能作为输出端口扩展，如果要扩展输入端口，则可以使用其他的并行输入/串行输出芯片，如 74HC165 等。

本实验使用 74HC595 来控制 1 位数码管，使用数码管循环显示十六进制的数字 0～9、A～F，其中 B 和 D 用相应的小写字母 b 和 d 表示。

1）74HC595

（1）引脚定义。74HC595 的各引脚定义如表 6-3 所列。

图 6 - 5 74HC595

表 6 - 3 **74HC595 引脚定义**

引　脚	说　　　　明	引　脚	说　　　　明
DS	串行数据输入	$\overline{OE}$	输出允许,高电平时禁止输出
Q0～Q7	8 位并行数据输出	$\overline{MR}$	复位脚,低电平复位
Q7′	级联输出端	V_{CC}	电源正极,可接 2～6 V
STCP	存储寄存器的时钟输入	GND	地
SHCP	移位寄存器的时钟输入		

（2）真值表如表 6 - 4 所示。其中 X 表示可以是 L/H。

表 6 - 4 **74HC595 真值表**

输　入　管　脚					输　出　管　脚
DS	SHCP	$\overline{MR}$	STCP	$\overline{OE}$	
X	X	X	X	H	Q0～Q7 输出高阻
X	X	X	X	L	Q0～Q7 输出有效值
X	X	L	X	X	移位寄存器清零
L	上升沿	H	X	X	移位寄存器存储 L
H	上升沿	H	X	X	移位寄存器存储 H
X	下降沿	H	X	X	移位寄存器状态保持
X	X	X	上升沿	X	输出存储器锁存移位寄存器中的状态值
X	X	X	下降沿	X	输出存储器状态保持

（3）时序图（见图6-6）。在SHCP的上升沿，串行数据DS输入到内部的8位移位寄存器，并由Q7'输出；而并行输出则是在STCP的上升沿将8位移位寄存器的数据存入到8位并行输出存储器。当串行数据输入端OE的控制信号为低电平时，并行输出端的输出值等于并行输出存储器所存储的值；而当OE为高电平时，输出关闭，并行输出端会维持在高阻抗状态。

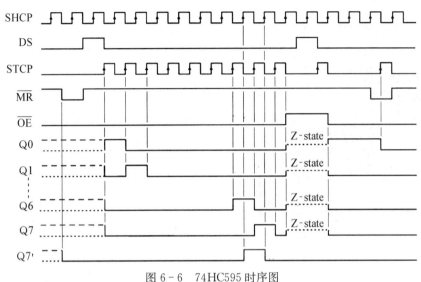

图6-6　74HC595时序图

2）实验材料

实验材料包括MSP430G2 LaunchPad、一片74HC595芯片、一块面包板、一个8段共阴极数码管、一个100Ω电阻和100 nF的电容。

3）引脚连接

本实验使用表6-5、表6-6、图6-7的方式连接74HC595、LaunchPad和数码管。

表6-5　74HC595与LaunchPad连接

74HC595	MSP430G2 LaunchPad	74HC595	MSP430G2 LaunchPad
DS	P2.3(11)	MR	VCC
STCP	P2.3(12)	VCC	VCC
SHCP	P2.5(13)	GND	GND
OE	GND		

表6-6　74HC595与数码管连接

74HC595	数码管	74HC595	数码管
Q0	A	Q4	E
Q1	B	Q5	F
Q2	C	Q6	G
Q3	D	Q7	Dp

4）连接示意图

74HC595 的 Q0~Q7 引脚分别连接数码管的 a~g 和 dp 引脚（见图 6 - 7）。在 74HC595 的 VCC 和 GND 引脚之间放了一个 100 nF 的高频去耦电容，起稳定电压、减少干扰的作用，电容值取值是经验值。对于初学者会模仿使用就可以了，详细原理请查阅《模拟信号处理》或《信号与系统》等相关书籍。

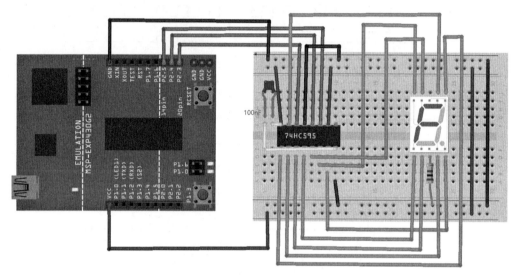

图 6 - 7　74HC595 应用连接示意图

5）程序解析

74HC595 程序清单如表 6 - 7 所示。

表 6 - 7　74HC595 应用程序清单

```
1     // 74HC595 的数据输入引脚 DS 连接 LaunchPad 的 11 号引脚
2     const int dataPin = 11;
3     //74hc595 的移位寄存器时钟 SHCP 连接 LaunchPad 的 13 号引脚
4     const int clockPin = 13;
5     //74hc595 的存储寄存器时钟 STCP 连接 LaunchPad 的 12 号引脚
6     const int latchPin = 12;
7
8     // 将显示数字或符号转换为共阴数码管的笔画值
9     // 例如，要显示数字 1，需要向数码管的 b 和 c 段输出高电平，向其他段输出
10    // 低电平即可，数字 1 的笔画为 0x06，转换成二进制位 00000110
11    // 从右向左(低到高)对应 a,b,c,d,e,f,g,dp 段所连接 LaunchPad 引脚的输出
12
13    unsigned char digitSegment(unsigned char digit) {
14        unsigned char segment = 0;
15        switch (digit) {
16          case 0: segment = 0x3F; break;
17          case 1: segment = 0x06; break;
18          case 2: segment = 0x5B; break;
19          case 3: segment = 0x4F; break;
20          case 4: segment = 0x66; break;
```

（续表）

```
21            case 5:segment = 0x6D; break;
22            case 6:segment = 0x7D; break;
23            case 7:segment = 0x07; break;
24            case 8:segment = 0x7F; break;
25            case 9:segment = 0x6F; break;
26            case 10:segment = 0x77;break;
27            case 11:segment = 0x7C;break;
28            case 12:segment = 0x39;break;
29            case 13:segment = 0x5E;break;
30            case 14:segment = 0x79;break;
31            case 15:segment = 0x71;break;
32        }
33        // segment=~ segment;    //如果使共阳极数码管,只需把此语句前面 //去掉即可
34        return segment;
35    }
36
37    void setup() {
38        //初始化三个输出引脚
39        pinMode(dataPin, OUTPUT);
40        pinMode(clockPin, OUTPUT);
41        pinMode(latchPin, OUTPUT);
42    }
43
44    void loop() {
45        for(int i = 0; i < 16; i++ ) {
46            updateSegment(i);    //数码管显示 i(十进制)对应的十六进制数字
47            delay(1000);
48        }
49    }
50
51    // 数码管显示 value(十进制)对应的十六进制数字
52    void updateSegment(int value) {
53        unsigned char code = digitSegment(value);
54        //当传输数据时,STCP 引脚需要保存低电平
55        digitalWrite(latchPin, LOW);
56        //串行数据输出,高位在先
57        shiftOut(dataPin, clockPin, MSBFIRST, code);
58        // 传输数据后,将 STCP 引脚拉高
59        // 此时 74HC595 会更新并行引脚输出状态
60        digitalWrite(latchPin, HIGH);
    }
```

本实验用到了 shiftOut()函数,下面进行说明。

（1）shiftOut()函数。其功能是模拟 SPI 串口输出,串行输入数据,并行输出数据。关于 SPI 详细解释请参见第 8 章的内容。函数用法如下：

```
shiftOut(dataPin, clockPin, bitOrder, value);
```

其中参数 dataPin 为数据输出引脚，clockPin 为时钟输出引脚，bitOrder()为数据传输顺序，有两个可取值：① MSBFIRST，高位在前，即从高位到低位一位一位地发送；② LSBFIRST，低位在前，即从低位到高位一位一位地发送。value 为传输的数据，byte 类型，与 unsigned char 一样。

返回值：无。

（2）shiftIn()函数。shiftIn 函数的功能是模拟 SPI 串口输入。函数用法如下：

```
shiftIn(dataPin, clockPin, bitOrder);
```

参数：dataPin 为数据输入引脚；clockPin 为时钟输入引脚；bitOrder()为数据传输顺序，有两个可取值 MSBFIRST 或 LSBFIRST。

返回值：输入的串行数据。

6.3 点阵

点阵在我们生活中很常见，很多地方都用到它，比如 LED 广告显示屏、电梯显示楼层和公交车报站等。

6.3.1 原理

点阵是简单的 LED 灯的组合，如图 6-8 所示是一个 8×8 点阵。

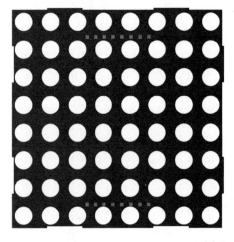 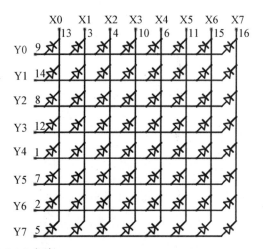

图 6-8 8×8 点阵

8×8 点阵共由 64 个单色发光二极管组成，且每个发光二极管放置在行线和列线的交叉点上，当对应的某一行置高电平，某一列置低电平，则相应的二极管就点亮。例如，如果想使左上角 LED 点亮，则 Y0=1，X0=0 即可。应用时限流电阻可以放在 X 轴或 Y 轴。如果要将第一行点亮，则第 Y0(9 号引脚)要接高电平，而 X0~X7(13、3、4、10、6、11、15、16 号引脚)接低电平，那么第一行就会点亮；如要将第一列点亮，则 X0(第 13 引脚)接低电平，而 Y0~Y7(9、14、8、12、1、7、2、5 号引脚)接高电平，那么第一列就会点亮。

6.3.2　8×8 点阵的扫描方法

8×8 点阵一般采用扫描式显示,实际应用中分为三种方式。

(1) 逐点扫描。一个 LED 按照其所在位置(X,Y)单独控制显示。

(2) 行扫描。以行为一个单位,先选择某行,然后再依次控制该行对应的每一列的 LED 的亮与灭。

(3) 列扫描。以列为一个单位,先选择某列,然后再依次控制该列对应的每一行的 LED 的亮与灭。

6.3.3　点阵行扫描

本实验使用 X-Y 输入行扫描一个 8×8 的 LED 点阵。通过使用两个电位器输入 X 和 Y 坐标值,在特定位置点亮 LED 灯,其中行是阳极,列是阴极。

1) 实验材料

实验材料包括 MSP432 LaunchPad、一块面包板、一个 8×8 点阵和两个 10 kΩ 电位器。

2) 引脚连接

选择 MSP432 LaunchPad 的 23～30 号引脚连接 8×8 点阵的 Y0～Y7,MSP432 LaunchPad 的 31～38 号引脚连接 8×8 点阵的 X0～X7,MSP432 LaunchPad 的 5 和 6 号引脚连接两个电位器。

3) 程序解析

程序清单如表 6-8 所示。

表 6-8　点阵应用程序清单

```
1    const int row[8] = { 23,24,25,26,27,28,29,30 };    //定义数组存放行引脚号
2    const int col[8] = { 31,32,33,34,35,36,37,38 };    //定义数组存放列引脚号
3    const senerPin1 = 5;              //定义电位器 1 引脚号,X 输入
4    const sensorPin2 = 6;             //定义电位器 2 引脚号,Y 输入
5    int pixels[8][8];                 //定义两维数组存放点阵的值
6
7    int x = 5;                        //设置初始光标位置
8    int y = 5;
9
10   void setup() {
11     Serial.begin(9600);            //初始化串口
12     //初始化输出引脚
13     for (int thisPin = 0; thisPin < 8; thisPin++ ) {
14         pinMode(col[thisPin], OUTPUT);
15       pinMode(row[thisPin], OUTPUT);
16       digitalWrite(col[thisPin], HIGH);     // 熄灭所有 LED
17     }
18
19     for (int x = 0; x < 8; x++ ) {          // 点阵状态为全灭
20       for (int y = 0; y < 8; y++ ) {
21         pixels[x][y] = HIGH;
22       }
23     }
24   }
25
```

```
26    void loop() {
27      readSensors();                // 读取 X,Y 坐标
28
29      refreshScreen();              // 绘制点阵
30    }
31
32    void readSensors() {
33      pixels[x][y] = HIGH;          // 关闭上一个 LED 灯
34      //从传感器读取 X,Y 值,坐标原点在点阵的左下角
35      x = 7 - map(analogRead(senerPin1), 0, 1023, 0, 7);
36      y = map(analogRead(senerPin12), 0, 1023, 0, 7);
37
38      pixels[x][y] = LOW;           //将该坐标设置为低电平,在下次刷新时 LED 会点亮
39    }
40
41    void refreshScreen() {
42        for (int thisRow = 0; thisRow < 8; thisRow++ ) {   // 遍历行(阳极)
43            digitalWrite(row[thisRow], HIGH);               // 让行引脚置于高电平
44            for (int thisCol = 0; thisCol < 8; thisCol++ ) {  //遍历列(阴极)
45                int thisPixel = pixels[thisRow][thisCol]; //获取当前位置的状态
46                // 当行是高电平而列是低电平时对应的 LED 就会点亮
47                digitalWrite(col[thisCol], thisPixel);
48                // 将该位置关闭,在下次刷新时 LED 会熄灭
49                if (thisPixel == LOW) {
50                    digitalWrite(col[thisCol], HIGH);
51                }
52            }
53        digitalWrite(row[thisRow], LOW);          // 关闭整行
54        }
55    }
```

需要注意的是:MCU 主要是个控制器件,MCU 的 I/O 口可以输出一个高电平,但是它的输出电流却是很有限的。普通 I/O 口输出高电平的时候,大概只有几个毫安的电流,点亮 1 个 LED 还可以。由于 MCU 所有 I/O 输出电流的总和是有上限的,如果同时驱动一列或一行(8 颗 LED)时需外加驱动电路(例如三极管或缓冲芯片 74HC245 等)提高电流,否则 LED 亮度会不足。

8×8 点阵总共有 16 个脚,如果都直接连接到 LaunchPad 上,会占用 16 个 I/O 口,所以在实际应用中一般也会考虑使用两个 74HC595 进行 I/O 的扩展,请有兴趣的读者自行开发。

6.4　液晶 LCD

6.4.1　原理

液晶显示器(liquid crystal display, LCD)是生活中最常使用的电子设备显示的手段。液晶的物理特性:当通电时导通,使光线容易通过;不通电时阻止光线通过。LCD 技术是把液晶灌入两个列有细槽的平面之间,这两个平面上的槽互相垂直。由于光线顺着分子的排列方向

传播,所以光线经过液晶时也被扭转90°。但当液晶上加一个电压时,分子便会重新垂直排列,使光线能直射过去,而不发生扭转。简而言之,加电将光线阻断,不加电则使光线射出,而诸多方格的组合则可以显示所期望的图形,这便是单色液晶显示的原理。

6.4.2 1602 液晶 LCD

1602 液晶显示器在应用中非常广泛,最初的 1602 LCD 使用的是 HD44780 控制器,现在各个厂家的 1602 模块基本上都是采用了与之兼容的 IC,所以特性基本都是一致的,本实验选用的是 SPLC780D 控制器。1602 LCD 主要技术参数:显示容量为 16×2 个字符;芯片工作电压为 2.7~4.5 V;模块最佳工作电压为 3.3 V;字符尺寸为 2.95 mm×4.35 mm(W×H)。它一共有 16 个引脚(见图 6-9)。

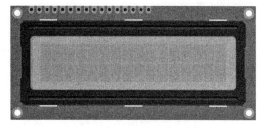

图 6-9 1602 LCD

1) 引脚定义

1602 LCD 引脚定义如表 6-9 所示。

表 6-9 1602 LCD 引脚定义

引脚号	标识	描　　述	功　　能
1	VSS	电压地	0 V(GND)
2	VDD	电源正极	+3.3 V
3	V0	LCD 对比度调节	可对地接 kΩ 级电位器
4	RS	命令/数据 寄存器选择	RS=0:指令寄存器;RS=1:数据寄存器
5	R/W	读/写 选择	R/W=0:写;R/W=1:读
6	E	使能信号	高电平跳变成低电平时,执行命令
7~14	D0~D7	数据线	8 位双向数据线
15	A	背光正极	+3.3 V
16	K	背光负极	0V(GND)

接口说明如下:

(1) 两组电源,一组是模块的电源,一组是背光板的电源,这里均使用 3.3 V 供电。

(2) V0 是调节对比的引脚,串联 kΩ 级的电位器进行调节。本次实验使用 1 kΩ 的电阻来设定对比度。其连接分高电位与低电位接法,本次使用低电位接法,串联 1 kΩ 电阻后接 GND。

(3) RS 是命令/数据选择引脚,该脚电平为高时表示将进行数据操作;为低时表示进行命令操作。

(4) R/W 是读/写选择引脚,该脚电平为高时表示要对液晶进行读操作;为低时表示要进行写操作。

(5) E 是使能引脚,总线上信号稳定后,会向使能端发射正脉冲,通知把数据读走;此引脚为高电平的时候总线不允许变化。

(6) D0~D7 是 8 位双向并行总线,用来传送命令和数据。

(7) A 是背光源正极，K 是背光源负极。

2）基本操作

1602 LCD 的基本操作分为表 6 - 10 所示的四种。

表 6 - 10　1602 LCD 基本操作

读状态	输入	RS=L,R/W=H,E=H	输出	D0～D7=状态字
写指令	输入	RS=L,R/W=L,D0～D7=指令码,E=高脉冲	输出	无
读数据	输入	RS=H,R/W=H,E=H	输出	D0～D7=数据
写数据	输入	RS=H,R/W=L,D0～D7=指令码,E=高脉冲	输出	无

3）字符集

1602 LCD 液晶模块内部的字符发生存储器（CGRAM）已经存储了 160 个不同的点阵字符图形，这些字符有阿拉伯数字、英文字母的大小写、常用的符号和日文假名等，每一个字符都有一个固定的代码，如大写的英文字母"A"的代码是 01000001B(41H)，显示时模块把地址 41H 中的点阵字符图形显示出来，我们就能看到字母"A"。除日文假名外，其他字符的固定代码和相应字符的 ASCII 码相对应，这里就不再列出。

4）指令集

1602 LCD 内部的控制器共有 11 条控制指令，如表 6 - 11 所示。

表 6 - 11　1602 LCD 指令集

序　号	指　令　码										说　明
	RS	R/W	D7	D6	D5	D4	D3	D2	D1	D0	
清屏	0	0	0	0	0	0	0	0	0	1	清除屏幕,置 AC=0,光标回位
光标返回	0	0	0	0	0	0	0	0	1	*	DDRAM 地址为 0,显示回原位,DDRAM 内容不变
设置输入方式	0	0	0	0	0	0	0	1	I/D	S	设置光标移动方向并指定是否移动
显示开关	0	0	0	0	0	0	1	D	C	B	设置显示开关 D,光标开关 C,光标所在字符闪烁 B
移位	0	0	0	0	0	1	S/C	R/L	*	*	移动光标及整体显示,同时不改变 DDRAM 内容
功能设置	0	0	0	0	1	DL	N	F	*	*	设置数据位数 DL,显示行数 L,字体 F
CGRAM 地址设置	0	0	0	1	ACG						设置 CGRAM 地址,设置后发送接收数据
DDRAM 地址设置	0	0	1	ADD							设置 DDRAM 地址,设置后发送接收数据
读忙标志/地址计数器	0	1	BF	AC							读忙标志 BF,标志正在执行内部操作并读地址计数器内容

（续表）

序　号	指　令　码										说　　明
	RS	R/W	D7	D6	D5	D4	D3	D2	D1	D0	
写数据	1	0	要写的数据								从 CGRAM 或 DDRAM 写数据
读数据	1	1	读出的数据内容								从 CGRAM 或 DDRAM 读数据
	I/D=1：增量方式；I/D=0：减量方式； S=1：移位； S/C=1：显示移位；S/C=0：光标移位； R/L=1：右移；R/L=0：左移； DL=1：8 位；DL=0：4 位； N=1：2 行；N=0：1 行； F=1：5X10 字体；F=0：5X7 字体； BF=1：执行内部操作；BF=0：可接收指令											DDRAM：显示数据 RAM CGRAM：字符发生器RAM ACG：CGRAM 地址 ADD：DDRAM 地址及光标地址 AC：地址计数器，用于 DDRAM 和 CGRAM

5）RAM 地址映射

显示字符时需要输入显示字符地址，图 6-10 所示为 1602 LCD 内部的显示地址。在对液晶模块初始化时要先设置其显示模式（见图 6-10）。

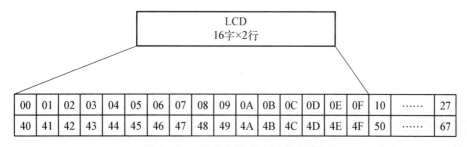

图 6-10　1602 LCD RAM 地址映射

6.4.3　LCD 8 线连接方式

1602 LCD 直接与 LaunchPad 通信，根据产品手册描述，分 8 位连接法（8 线连接方式）与 4 位连接法（4 线连接方式），它们的电路连接方式分别如图 6-11 和图 6-12 所示。

8 位连接法选择 LaunchPad 的 2 号引脚（板卡上红色 LED 上面的跳线帽要拔掉）连接 E，LaunchPad 的 3～10 号引脚连接 D0～D7，LaunchPad 的 11 号引脚连接 RW，LaunchPad 的 12 号引脚连接 RS；1602 LCD 的 V0 管脚连接一个 1 kΩ 电阻后接地；1602 LCD 的 A 管脚和 B 管脚分别接 VCC 和 GND。

8 线连接方式的示例程序清单如表 6-12 所示，在阅读前需要了解 1602 LCD 的相关参数，因为这些参数涉及程序的编写。

（1）行列。在使用时，需要注意 1602 LCD 行列地址的编号都是从 0 开始的。

（2）光标。同在计算机上输入字符一样，在 1602 LCD 中显示字符时也有光标，在输出字符之前需要将光标移动到所要输出字符的位置上，每输出一个字符，光标会自动跳到下一个输出位置。

（3）程序解析。程序清单如表 6-12 所示。

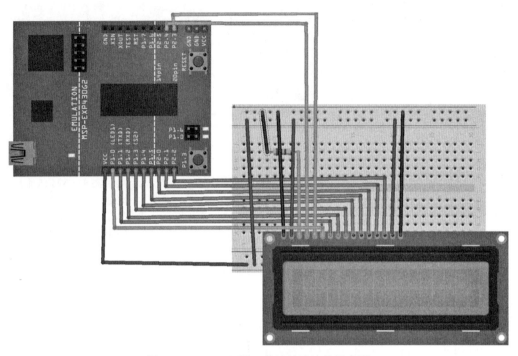

图 6-11　1602 LCD 8 位连接法连接示意图

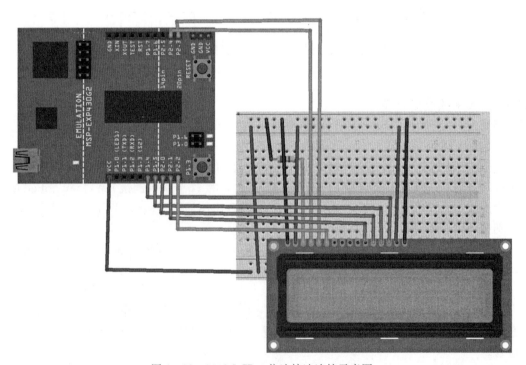

图 6-12　1602 LCD 4 位连接法连接示意图

表 6 - 12　8 线连接方式示例程序清单

```
1   int RS = 12;      // 连接命令 /数据选择器(RS)的引脚号
2   int RW = 11;      // 连接读 /写选择器(R /W)的引脚号
3   int DB[] = {3, 4, 5, 6, 7, 8, 9, 10};    //使用数组来定义总线(D0～D7)需要的管脚
4   int Enable = 2; //连接 E 的引脚号
5
6   void LcdCommandWrite(int value) {   // 写命令
7     int i = 0;
8     digitalWrite(RS, LOW);
9     digitalWrite(RW, LOW);
10    for (i= DB[0]; i <= RS; i++ )  //总线赋值
11    {
12       //因为 1602 液晶信号识别是 D7～D0(不是 D0～D7),这里是用来反转信号。
13       digitalWrite(i, value & 01);
14       value >>= 1;
15    }
16    // 当 E 端由高电平跳变成低电平时,执行命令
17    digitalWrite(Enable, LOW);
18    delayMicroseconds(1);
19    digitalWrite(Enable, HIGH);
20    delayMicroseconds(1);
21    digitalWrite(Enable, LOW);
22    delayMicroseconds(1);
23  }
24
25  void LcdDataWrite(int value) {   //输出数据
26    int i = 0;
27    digitalWrite(RS, HIGH);
28    digitalWrite(RW, LOW);
29    for (i = DB[0]; i <= DB[7]; i++ ) {
30       digitalWrite(i, value & 01);
31       value >>= 1;
32    }
33    digitalWrite(Enable, LOW);
34    delayMicroseconds(1);
35    digitalWrite(Enable, HIGH);
36    delayMicroseconds(1);
37    digitalWrite(Enable, LOW);
38    delayMicroseconds(1);
39  }
40
41  void setup (void) {
42    int i = 0;
43    for (i = Enable; i <= RS; i++ ) {
44      pinMode(i, OUTPUT);
45    }
46    delay(100);    // 短暂的停顿后初始化 LCD,用于 LCD 控制需要
47    LcdCommandWrite(0x38);    // 设置为 8- bit 接口,2 行显示,5×7 文字大小
48    delay(20);
49    LcdCommandWrite(0x06);    // 输入方式设定,自动增量,没有显示移位
```

（续表）

```
50      delay(20);
51      LcdCommandWrite(0x0E);    // 显示设置,开启显示屏,光标显示,无闪烁
52      delay(20);
53      LcdCommandWrite(0x01);    // 屏幕清空,光标位置归零
54      delay(100);
55   }
56
57   void loop (void) {
58      LcdCommandWrite(0x01);         // 屏幕清空,光标位置归零
59      delay(10);
60      LcdCommandWrite(0x80+3);       // 定义光标位置为第 1 行第 4 个位置
61      delay(10);
62      // 显示 Welcome
63      LcdDataWrite('W');  LcdDataWrite('e');  LcdDataWrite('l');  LcdDataWrite('c');
64      LcdDataWrite('o');  LcdDataWrite('m');  LcdDataWrite('e');  LcdDataWrite(' ');
65      LcdDataWrite('t');  LcdDataWrite('o');  delay(10);
66      LcdCommandWrite(0xc0+1);     // 定义光标位置为第 2 行第 2 个位置
67      delay(10);
68      // 显示 TI LaunchPad
69      LcdDataWrite('T');  LcdDataWrite('I');  LcdDataWrite(' ');  LcdDataWrite('L');
70      LcdDataWrite('a');  LcdDataWrite('u');  LcdDataWrite('c');  LcdDataWrite('h');
71      LcdDataWrite('P');  LcdDataWrite('a');  LcdDataWrite('d');
72      delay(5000);
73      LcdCommandWrite(0x01);     // 屏幕清空,光标位置归零
74      delay(10);
75      LcdDataWrite('H');  LcdDataWrite(' e');  LcdDataWrite('l');  LcdDataWrite('l');
76      LcdDataWrite(' o');  LcdDataWrite(' ');  LcdDataWrite('W');  LcdDataWrite('o');
77      LcdDataWrite('r');  LcdDataWrite('l');     LcdDataWrite('d');
78      delay(3000);
79      //设置模式为新文字替换老文字,无新文字的地方显示不变
80      LcdCommandWrite(0x02);
81      delay(10);
82      LcdCommandWrite(0x80+6); //定义光标位置为第 1 行第 7 个位置
83      delay(10);
84      LcdDataWrite('E');  LcdDataWrite('v');  LcdDataWrite('e');  LcdDataWrite('r');
85      LcdDataWrite('y');  LcdDataWrite('o');  LcdDataWrite('n');  LcdDataWrite('e');
86      delay(5000);
87   }
```

6.4.4 LCD 4 线连接方式

8 位连接法使用 D0～D7 传输数据,传输速度较快,但占用 I/O 口比较多。对于接口比较少的 MCU,通常使用 4 位数据线法连接,当然两种方式的实现代码也有不同。

4 位连接法选择 LaunchPad 的 10 号引脚连接 E,LaunchPad 的 6～9 号引脚连接 D7～D4,LaunchPad 的 11 号引脚连接 RW,LaunchPad 的 12 号引脚连接 RS;1602 的 V0 管脚连接一个 1 kΩ 电阻后接地;1602 的 A 管脚和 B 管脚分别接 VCC 和 GND(见图 6 - 12)。

4 线连接方式示例程序清单如表 6 - 13 所示。

表 6 - 13 4 线连接方式示例程序清单

```
1    Int LCD1602_RS= 12;              // 命令 /数据选择器(RS)引脚
2    int LCD1602_RW= 11;              // 读 /写选择器(R /W)引脚
3    int LCD1602_EN= 10;              //  使能(E)引脚
4    int DB[] = { 6, 7, 8, 9};        //  使用数据来定义总线需要的管脚
5    char str1[]= "Welcome to";
6    char str2[]= "TI LaunchPad";
7    char str3[]= "Hello World";
8    char str4[]= "Hello Everyone";
9
10   void LCD_Command_Write(int command)   {  //执行命令
11     int i,temp;
12     digitalWrite( LCD1602_RS,LOW);
13     digitalWrite( LCD1602_RW,LOW);
14     digitalWrite( LCD1602_EN,LOW);
15
16     // 6        7      8      9
17     // D7       D6     D5     D4
18     // DB[0]  DB[1]  DB[2]  DB[3]
19     temp= command & 0xf0;         // 取指令高 4 位
20     for (i= DB[0]; i <= 9; i++ )   {
21       digitalWrite(i,temp & 0x80);
22       temp <<= 1;
23     }
24     digitalWrite( LCD1602_EN,HIGH);
25     delayMicroseconds(1);
26     digitalWrite( LCD1602_EN,LOW);
27
28     temp= (command & 0x0f)<< 4;     // 取指令低 4 位
29     for (i= DB[0]; i <= 9; i++ )   {
30       digitalWrite(i,temp & 0x80);
31       temp <<= 1;
32     }
33
34     digitalWrite( LCD1602_EN,HIGH);
35     delayMicroseconds(1);
36     digitalWrite( LCD1602_EN,LOW);
37   }
38
39   void LCD_Data_Write(int dat)   {  // 显示数据
40     int i= 0,temp;
41     digitalWrite( LCD1602_RS,HIGH);
42     digitalWrite( LCD1602_RW,LOW);
43     digitalWrite( LCD1602_EN,LOW);
44
45     temp= dat & 0xf0;                // 取数据高 4 位
46     for (i= DB[0]; i <= 9; i++ )   {
47       digitalWrite(i,temp & 0x80);
48       temp <<= 1;
49     }
```

```
50
51      digitalWrite( LCD1602_EN, HIGH);
52      delayMicroseconds(1);
53      digitalWrite( LCD1602_EN, LOW);
54
55      temp = (dat & 0x0f) << 4;        // 取数据低 4 位
56      for (i = DB[0]; i <= 10; i++ )  {
57        digitalWrite(i, temp & 0x80);
58        temp <<= 1;
59      }
60
61      digitalWrite( LCD1602_EN, HIGH);
62      delayMicroseconds(1);
63      digitalWrite( LCD1602_EN, LOW);
64    }
65
66    void LCD_SET_XY( int x, int y ) {   // 设置光标位置
67      int address;
68      if (y == 0)      address = 0x80 + x;
69      else             address = 0xC0 + x;
70      LCD_Command_Write(address);
71    }
72
73    void LCD_Write_String(int x, int y, char * s)  {   // 从(x,y)位置处开始输出字符串
74      LCD_SET_XY( x, y );              //   设置地址
75      while ( * s)                     //   写字符串
76      {
77        LCD_Data_Write( * s);
78        s ++ ;
79      }
80    }
81
82    void setup (void)   {
83      int i = 0;
84      for (i = 6; i <= 12; i++ )   {
85        pinMode(i, OUTPUT);
86      }
87      delay(100);
88      LCD_Command_Write(0x28);      //   4 线 2 行 5x7
89      delay(50);
90      LCD_Command_Write(0x06);      //   输入方式设定, 自动增量, 显示没有移动
91      delay(50);
92      LCD_Command_Write(0x0c);      //   显示设置, 开启显示, 光标关, 无闪烁
93      delay(50);
94      LCD_Command_Write(0x80);
95      delay(50);
96      LCD_Command_Write(0x01);      //   屏幕清屏, 光标位置归零
97      delay(50);
98    }
```

（续表）

99	
100	void loop (void) {
101	LCD_Command_Write(0x01);　　　　// 屏幕清屏,光标位置归零
102	delay(50);
103	LCD_Write_String(3,0,str1);　　// 第 1 行,第 4 个地址起
104	delay(50);
105	LCD_Write_String(1,1,str2);　　// 第 2 行,第 2 个地址起
106	delay(5000);
107	LCD_Command_Write(0x01);　　　　// 屏幕清屏,光标位置归零
108	delay(50);
109	LCD_Write_String(0,0,str3);　　// 第 1 行,第 1 个地址起
110	delay(50);
111	LCD_Write_String(0,1,str4);　　// 第 2 行,第 1 个地址起
112	delay(5000);
113	}

6.4.5　基于库函数的连接方式

1602 LCD 作为一个比较经典的显示设备,使用频度比较高。通过前面两节的介绍,可以发现使用者要学会使用 1602 LCD,必须要详细了解其工作原理。而其大部分应用就是从特定的位置开始显示一个字符或一串字符。为了方便使用者快速便捷地使用 1602 LCD,系统提供了一个 LiquidCrystal 类库,通过一些简单的命令就可以完成任务。想要提高程序的编写效率及程序的可读性,还有一个便捷的方式,就是使用他人已经编写好的类库。

进入 Energia 的安装目录后,再进入"hardware"目录,该目录中存放着各种型号的 LaunchPad 信息(见图 6-13)。继续选择"msp430"→"libraries",如图 6-14 所示。

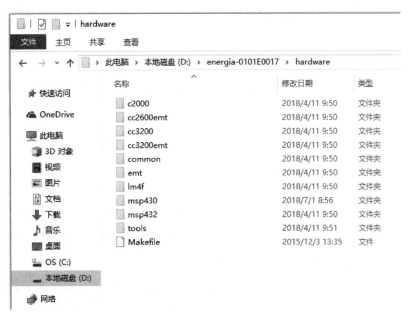

图 6-13　Energia 支持的 LaunchPad 种类

图 6-14　MSP430 库函数

　　【Energia 安装目录】\hardware\msp430\libraries 文件夹中存放的是"msp430"的各种类库,可以是系统准备好的,也可以是别人或你自己写的类库。将类库放入其中后,就可以在编写程序时调用它们。LiquidCrystal 就是为 LCD1602 准备的类库。接着进入 LiquidCrystal 目录(见图 6-15),下面对该目录下的文件进行简单的描述:

　　(1) LiquidCrystal.h——LiquidCrystal 类库头文件。

　　(2) LiquidCrystal.cpp——LiquidCrystal 类库实现文件(见图 6-15)。

　　(3) Keywords.txt——关键字定义,不同的关键字在 Energia 编辑器里会显示不同的颜色。

　　(4) examples——存放示例文件目录。

图 6-15　LiquidCrystal 目录下面内容

　　设计者如果具有一定的面向对象的编程基础,也可以根据实际项目需求,自己设计类库放在【Energia 安装目录】\hardware\msp430\libraries 目录中。

　　打开 Energia IDE,选择"File"→"Examples"→"LiquidCrystal",右下角弹出菜单列出了很多示例(见图 6-16),选择"HelloWorld",程序清单如表 6-14 所示,连接如图 6-17 所示。该示例的功能是在 LCD 上第 1 行输出"Hello World!",第 2 行输出 LaunchPad 运行时间。

图 6 - 16　选择 LiquidCrystal 类库示例程序

表 6 - 14　利用 LiquidCrystal 类库示例程序清单

1	/* 连线说明
2	=========================
3	LCD pin Connect to LaunchPad
4	--------------------------------
5	01 - GND GND
6	02 - VCC VCC
7	03 - Contrast pulldown resistor (接 1 kΩ 下拉电阻)
8	04 - RS Pin8 (P2.0)
9	05 - R/W GND
10	06 - EN Pin9 (P2.1)
11	07 - DB0 GND
12	08 - DB1 GND
13	09 - DB2 GND
14	10 - DB3 GND
15	11 - DB4 Pin10 (P2.2)
16	12 - DB5 Pin11 (P2.3)
17	13 - DB6 Pin12 (P2.4)
18	14 - DB7 Pin13 (P2.5)
19	15 - BL+ VCC
20	16 - BL- GND
21	=========================
22	*/
23	# include < LiquidCrystal.h> // 使用 LiquidCrytal 类库

（续表）

24	LiquidCrystal lcd(P2_0, P2_1, P2_2, P2_3, P2_4, P2_5); // 初始化引脚
25	
26	void setup() {
27	lcd.begin(16, 2); // 设置显示格式,16 列 2 行,光标起始位置在第 0 列第 0 列
28	// 注意:行列编号是从 0 开始的,第 0 列实际位置是第 1 列
29	
30	lcd.print("hello, world!"); // 第 1 行输出 hello, world!
31	}
32	
33	void loop() {
34	lcd.setCursor(0, 1); // 把光标定位在第 1 列第 2 行
35	lcd.print(millis() /1000); // 显示已运行时间,单位为秒(s)
36	}

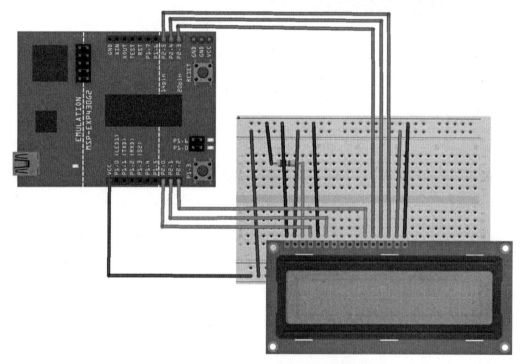

图 6-17　LiquidCrystal 类库示例连接示意图

　　毫无疑问,LiquidCrystal 类库可以使 1602 LCD 的编程变得十分简单。关于该类库的资料可以从网上方便地查到,这里就不再展开。

第7章　电机控制

电机(electric machinery,俗称"马达")的分类方式有很多,从用途上可划分为驱动类电机和控制类电机。

直流电机属于驱动类电机,这种电机是将电能转换成机械能,主要应用在电动工具(钻孔、抛光、磨光、开槽、切割、扩孔等工具)、家电(洗衣机、电风扇、电冰箱、空调器、录音机、录像机、影碟机、吸尘器、照相机、电吹风、电动剃须刀等)及其他通用小型机械设备(各种小型机床、小型机械、医疗器械、电子仪器等)等。

步进电机和伺服电动机属于控制类电机,这类电机是将脉冲信号转换成一个转动角度的电机,电机的转速和停止的位置只取决于脉冲信号的频率和脉冲数量,主要用于空调扇叶转动、自动生产流水线、机器人等。

7.1　直流电机

7.1.1　原理

直流电机(direct current machine)可以将直流电能转换成机械能,如图7-1所示。

直流电机有两个电源接头,在适当的电压下给予足够的电流时将连续旋转,旋转方向由电流方向决定。

直流电机通常有如下参数:

图7-1　直流电机

(1) 额定电压(工作电流),是指驱动电机推荐使用的电压。高于或者低于工作电压时电机也能工作。当实际电压小于额定电压时,输出功率变小;当实际电压大于额定电压时,会影响电机的寿命。电机工作电流越大,输出功率越大;空载运行时,电机的电流最小。

(2) 转矩,是指电机的转动力。

(3) 转速,是指每分钟旋转的圈数。

由于电机通常属于大电流设备,而MCU主要是个控制器件,MCU的I/O口可以输出一个高电平,但是它的输出电流却是很有限的,所以不能直接将MCU的引脚连接控制电机工作。一般电机的电压高于MCU的工作电压,应注意隔离,连接不当可能会导致MCU烧毁。

为了让MCU控制电机转动,需要连接稳压器或H桥直流电机驱动板。在这里简单介绍H桥直流电机驱动板连接控制。

7.1.2　H 桥直流电机驱动板

BOOST－DRV8848 是两路的 H 桥直流电机驱动板,如图 7－2 所示。它可以直接插接在 TI LaunchPad 上,图 7－3 是 BOOST－DRV8848 插接在 MSP430G2 Lauchpad 的示意图。BOOST－DRV8848 管脚与 LaunchPad 的连接情况如图 7－4 所示。

图 7－2　BOOST－DRV8848

图 7－3　BOOST－DRV8848 插接在 MSP430G2 LaunchPad 之上

BOOST－DRV8848 可以同时控制两个电机,A1 和 A2 是一组,B1 和 B2 是一组,分别连接直流电机的两个电源接头;WM 和 GND 外接给电机提供电源的正极和地(4～18 V),一定注意不能直接使用 LaunchPad 上的 VCC 和 GND,否则有可能把板卡烧坏;nSLEEP 管脚为高电平时,BOOST－DRV8848 控制板工作。Pot 处为一个滑动变阻器,旋转它可以调节电流的大小。更详细的信息请参看相应的 datasheet。

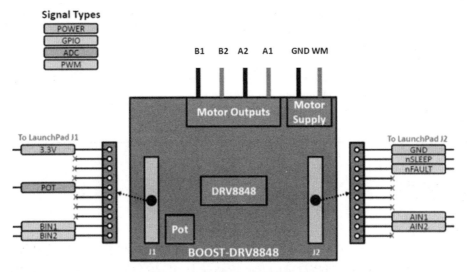

图 7 - 4　BOOST - DRV8848 管脚

直流电机一般不区分正负极,但是正负极的连接决定了电流的方向,从而决定了电机的旋转方向。例如:电机一个电源接头连接 A1,另一个电源接头连接 A2,电机正转,如果交换两根接头的连接方式,电机则会反转。

7.1.3　直流电机实验

本实验的目的是控制 1 路电机按某一方向旋转 3 s,然后反方向旋转 3 s。

1) 连接方式

BOOST - DRV8848 的连接方式:直流电机的一个电源接头连接 A1,另一个电源接头连接 A2;外接电源正极连接 WM,外接电源负极连接 GND。

2) 实验代码

程序清单如表 7 - 1 所示。

表 7 - 1　直流电机应用示例程序清单

1	`const int nSLEEP = 19;`　　// 启动引脚
2	`const int AIN1 = 13;`　　　// 控制电机引脚 1
3	`const int AIN2 = 12;`　　　// 控制电机引脚 2
4	
5	`void setup()`
6	`{`
7	// 启动 BOOST - DRV8848
8	`pinMode(nSLEEP, OUTPUT);`
9	`digitalWrite(nSLEEP, HIGH);`// 输出高电平
10	`}`
11	
12	`void loop()`
13	`{`
14	// 向 A1 输出 PWM 信号,值为 200,可以根据实际所需转速进行调整
15	`analogWrite(AIN1, 200);`

(续表)

16	`analogWrite(AIN2,0);` // 向 A2 输出 PWM 信号,值为 0
17	`delay(3000);`
18	`// 反方向`
19	`analogWrite(AIN1,0);`
20	`analogWrite(AIN2,200);`
21	`delay(3000);`
22	`}`

7.2 步进电机

7.2.1 原理

步进电机(见图 7-5)是一种将电脉冲转化成角位移的执行机构。当步进电机收到一个脉冲信号时,它就驱动步进电机按设定的方向转动一个固定的角度,该角度称为步进角。通过控制脉冲个数来控制角位移量,从而达到准确定位的目的。另一方面,可以通过控制脉冲的频率来控制电机转动的速度和加速度,从而达到调速的目的。

图 7-5 步进电机

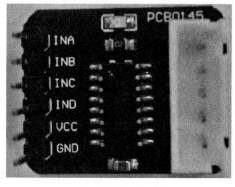

图 7-6 步进电机控制板

使用步进电机前一定要仔细查看说明书,确认是几相的,各个线应该怎样连接。本次实验使用的步进电机是四相的,一共有 5 根引线,其中红色的是公共端,连接 5 V 电源。接下来的是橙、黄、粉和蓝四根引线。MCU 的 I/O 的电流驱动能力有限,不能直接连接步进电机,还需要增加驱动电路,以提高驱动能力。图 7-6 所示是本实验使用的步进电机控制板,步进电机的 5 根引线插在步进电机控制板右侧的插座上。

7.2.2 控制步进电机随着电位器旋转

本实验目的是控制步进电机随着电位器旋转。

1) 连接方式

实验所用器材包括 MSP432 LaunchPad、一个 10 kΩ 电位器、一个步进电机和步进电机控制板。LaunchPad 的 2 号引脚控制电位器,8 号、9 号、10 号和 11 号引脚分别连接步进电机控制板的 INA、INB、INC 和 IND,5 V 和 GND 分别连接步进电机控制板的 VCC 和 GND。

2) 实验代码

程序清单如表 7-2 所示。

表 7-2　步进电机应用示例程序清单

```
1    /*
2    * 步进电机跟随电位器旋转
3    * 使用 Energia IDE 自带的 Stepper.h 库文件
4    */
5    # include < Stepper.h>
6    // 这里设置步进电机旋转一圈是多少步
7    # define STEPS 100
8    # define sensorPin = 2;    // 电位器引脚
9
10   // attached to 设置步进电机的步数和引脚
11   Stepper stepper(STEPS, 8, 9, 10, 11);
12
13   // 定义变量用来存储历史读数
14   int previous = 0;
15
16   void setup()
17   {
18     // 设置电机每分钟的转速为 90 步
19     stepper.setSpeed(90);
20   }
21   void loop()
22   {
23     int val = analogRead(sensorPin);    // 获取传感器读数
24     stepper.step(val - previous);       // 移动步数为当前读数减去历史读数
25     previous = val;                     // 保存历史读数
26   }
```

7.3 舵机

7.3.1 原理

舵机是一种位置伺服的驱动器,主要由外壳、电路板、无核心马达、齿轮与位置检测器构成。舵机内部有一个基准电路,可以产生周期为 20 ms、宽带为 1.5 ms 的基准信号。接收机或 MCU 发出的控制信号一般是一个周期为 20 ms 左右、宽度为 1～2 ms 的脉冲信号。当舵机收到该信号后,会马上激发出一个与之频率相同的、宽度为 1.5 ms 的负向标准脉冲;之后这两个脉冲在一个加法器中进行相加得到所谓的差值脉冲。输入信号脉冲如果宽于负向的标准脉冲,得到的就是正的差值脉冲;如果输入脉冲比标准脉冲窄,相加后得到的是负的脉冲。此差值脉冲放大后就是驱动舵机正反转动的动力信号。舵机电机的转动,通过齿轮组减速后,同时驱动转盘和标准脉冲宽度调节电位器转动,直到标准脉冲与输入脉冲宽度完全相同,差值脉冲消失时才会停止转动,这就是舵机的工作原理。一般舵机旋转的角度范围是 0°～180°。

舵机有很多规格,但所有的舵机都三根外接线,一般为棕、红和橙三种颜色,棕色为接地线(GND),红色为电源正极线(VCC),橙色为信号线(PWM),如图 7-7 所示。

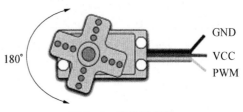

图 7-7　舵机示意图

舵机转动的角度是通过调节 PWM(脉冲宽度调制)信号的占空比来实现的,标准 PWM 信号的周期固定为 20 ms(50 Hz),理论上脉宽分布应为 1～2 ms,但是,事实上脉宽可为 0.5～2.5 ms,脉宽与舵机的转角 0°～180°相对应(见图 7 - 8)。值得注意的是,对于同一信号,不同品牌舵机旋转的角度也会有所不同。

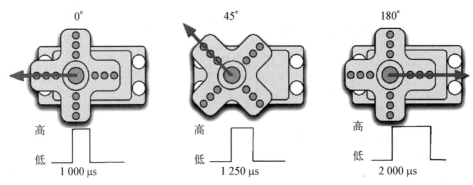

图 7 - 8　PWM 与所转角度的关系

7.3.2　舵机实验

本实验目的是让舵机转动到用户输入数字所对应的角度数的位置,并将角度打印显示到串口监视器上。实验所用器材包括 MSP432 LaunchPad、一个舵机。

舵机应用程序清单如表 7 - 3 所示。

表 7 - 3　舵机应用示例程序清单

```
1    int servopin = 9;    // 定义数字接口 9 连接伺服舵机信号线
2    int myangle;         // 定义角度变量
3    int pulsewidth;      // 定义脉宽变量
4    int val;
5    void servopulse(int servopin, int myangle)    //定义一个脉冲函数
6    {
7        pulsewidth= (myangle * 11) + 500;          //将角度转化为 500～2 480 的脉宽值
8        digitalWrite(servopin, HIGH);              //将舵机接口电平至高
9        delayMicroseconds(pulsewidth);             //延时脉值的微秒数
10       digitalWrite(servopin, LOW);               //将舵机接口电平至低
11       delay(20- pulsewidth / 1000);
12   }
13
14   void setup()
15   {
16       pinMode(servopin, OUTPUT);    //设定舵机接口为输出接口
17       Serial.begin(9600);           //连接到串行端口,波特率为 9 600
18       Serial.println("servo= o_seral_simple ready" );
19   }
20
21   //将 0 到 9 的数转化为 0 到 180 角度,并让 LED 闪烁相应数的次数
22   void loop(){
23       val= Serial.read(); //读取串行端口的值
24       if(val > '0'&&val<= '9')
25           {
```

（续表）

26	`val = val - '0'; //将特征量转化为数值变量`
27	`val = val * (180 / 9); //将数字转化为角度`
28	`Serial.print("moving servo to ");`
29	`Serial.print(val,DEC);`
30	`Serial.println();`
31	`for(int i = 0;i <= 50; i++ )　{　//给予舵机足够的时间让它转到指定角度`
32	`servopulse(servopin,val); //调用脉冲函数`
33	`}`
34	`}`
35	`}`

需要注意：LaunchPad 的驱动能力有限，所以当需要控制 1 个以上的舵机时需要外接电源。

此外，Energia 还提供了舵机 Servo 类库，使用者可以通过打开 Energia IDE，选择"File"→"Examples"→"Servo"，使用其中的示例。

7.4　继电器

7.4.1　原理

继电器（relay）是一种电控制器件，是当输入量（激励量）的变化达到规定要求时，在电气输出电路中使被控量发生预定阶跃变化的一种电器（见图 7-9）。它具有控制系统（又称输入回路）和被控制系统（又称输出回路）之间的互动关系。通常用于自动化的控制电路中，实际上它是用小电流去控制大电流运作的一种"自动开关"。故在电路中起着自动调节、安全保护、转换电路等作用。

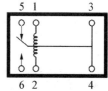

图 7-9　继电器原理图

作为控制元件，概括起来，继电器有如下几种作用。

（1）扩大控制范围：如多触点继电器控制信号达到某一定值时，可以按触点组的不同形式，同时换接、开断、接通多路电路。

（2）放大：如灵敏型继电器、中间继电器等，利用一个很微小的控制量，可以控制很大功率的电路。

（3）综合信号：如当多个控制信号按规定的形式输入多绕组继电器时，经过比较综合，达到预定的控制效果。

（4）自动、遥控、监测：如自动装置上的继电器与其他电器一起，可以组成程序控制线路，从而实现自动化运行。

继电器的种类很多，使用时需要详细阅读使用说明书。图 7-8 所示的继电器有 6 个引脚，其中 1 脚和 2 脚为线圈端；3 脚和 4 脚为常闭脚；5 脚和 6 脚为常开脚。在 1 脚和 2 脚两端加上一定的电压，线圈中就会流过一定的电流，从而产生电磁效应。衔铁在电磁力作用下被吸向 6 脚所连接的铁芯，从而 4 脚到 6 脚线路导通。当线圈断电后，电磁的吸力也随之消失，衔铁就会返回原来的位置，4 脚到 6 脚的线路断开。如此吸合、释放衔铁，便达到了闭合、断开电路的目的。

7.4.2 继电器控制 LED 的亮与灭

本实验使用继电器控制 LED 的亮与灭。实验所用器材包括 MSP432 LaunchPad、一个继电器、一个 NPN 三极管 9013、一个 220 Ω 电阻和一个 1 kΩ 电阻。

1）连接方式

继电器的 1 脚和 4 脚接 VCC，2 脚与三极管 9013 的集电极相连，6 号引脚连接 LED 的正极，LED 的负级通过 220 Ω 电阻接地。LaunchPad 的 P1.5(7 号)引脚通过一个限流电路 R_2 后与三极管 9013 的基极相连。想点亮 LED 灯时，只需要给 MSP432 LaunchPad 的 7 号引脚输出高电平，三极管 9013 的集电极和发射极导通，继电器的 1 和 2 之间的线圈有电流通过，4 脚到 6 脚线路导通，从而点亮 LED 灯。当给 MSP432 LaunchPad 的 7 号引脚输出低电平，三极管 9013 的集电极和发射极断开，继电器的 1 和 2 之间的线圈没有电流通过，4 脚到 6 脚线路断开，从而 LED 灯熄灭（见图 7-10）。

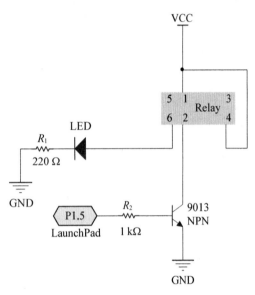

图 7-10 继电器应用连接示意图

2）实验代码

继电器应用示例程序清单如表 7-4 所示。

表 7-4 继电器应用示例程序清单

```
1    const int relayPin = 7;    // 继电器的 2 号引脚连接 LaunchPad 的 7(P1.5)号引脚
2
3    void setup()
4    {
5        pinMode(relayPin,OUTPUT);
6    }
7
8    void loop()
9    {
10     digitalWrite(relayPin,HIGH);   // 继电器打开
11     delay(1000);
12     digitalWrite(relayPin,LOW);    // 继电器关闭
13     delay(1000);
14    }
```

本次实验使用到了一个三极管 9013，如果把 LaunchPad 的 I/O 口直接接到继电器的 2 脚，短时间可能没有问题，但长期运行会损坏 I/O 口，甚至会烧毁继电器。

三极管的功能很多，这里简单介绍一下三极管在本次实验中的工作原理。在数字电路中三极管主要起开关的作用。图 7-11 所示是一个通过三极管控制 LED 开关的电路原理图。

电路的具体工作特性如下：

（1）发光二极管的正常工作电流约为 10 mA，此时发光二极管的正向工作压降约为

1.2 V。

（2）输入信号 V_{IN} 信号电压只可能为 3 V（高电平）或 0 V（低电平）。

（3）受 V_{IN} 控制，三极管工作在开关模式，要么处于截止状态，要么处于饱和导通状态。导通时 $V_{\mathrm{CE}} \approx 0.2$ V，静态 $\beta \approx 30$。

要使该电路正常发挥作用，需要确定电阻 R_{B} 和 R_{C} 的合理值。下面示范如何定量估算电阻 R_{B} 和 R_{C} 的取值。首先，当三极管饱和导通时，LED 应能点亮。

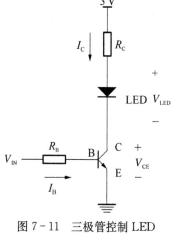

图 7-11　三极管控制 LED
开关电路原理图

$$I_{\mathrm{C}} = \frac{V_{+3} - V_{\mathrm{LED}} - V_{\mathrm{CE}}}{R_{\mathrm{C}}} = \frac{(3 - 1.2 - 0.2)}{R_{\mathrm{C}}} \geqslant 10 \text{ mA}$$

所以，$R_{\mathrm{C}} \leqslant 160 \ \Omega$。 实际中可取 $R_{\mathrm{C}} = 150 \ \Omega$。

三极管饱和导通时，应有

$$\beta I_{\mathrm{B}} \geqslant I_{\mathrm{C}}$$

$$I_{\mathrm{B}} = \frac{V_{\mathrm{IN}} - V_{\mathrm{D}} - V_{\mathrm{BE}}}{R_{\mathrm{B}}} \geqslant \frac{I_{\mathrm{C}}}{\beta}$$

即

$$\frac{3 - 0.7 - 0.7}{R_{\mathrm{B}}} \geqslant \frac{10}{30}$$

$$R_{\mathrm{B}} \leqslant 4\,800 \text{ k}\Omega$$

当 V_{IN} 为低电平（0 V）时，三极管基极电流 $I_{\mathrm{B}} = 0$，三极管截止关断，C、E 两极相当于开路，LED 不亮。当 V_{IN} 为高电平时，三极管饱和导通，LED 点亮。

第8章 通信控制

本章将比较深入地介绍 MCU 与外部设备的通信方式，包括串行通信、Ethernet 通信和无线通信。串行通信将详细地讲述三种常用方式：UART、I2C 和 SPI；无线通信重点介绍红外通信、蓝牙通信和 WiFi 通信。

8.1 串行通信

串行通信是 MCU 与外部设备之间比较常用的一类通信方式。串行是与并行通信相对应的。如图 8-1 所示，并行通信可以多位数据同时传输，速度快，但是用的 I/O 口比较多，而 MCU 的 I/O 资源较少，因此在 MCU 与外部设备通信时更常用的是串口通信方式。

常用的串行通信方式有通用异步收发器（UART）、总线通信（I2C）和串行外设接口（SPI）。Energia 专门提供了三种串行通信类库，掌握了这三种通信类库的用法，即可与具有相应通信接口的各种设备通信。

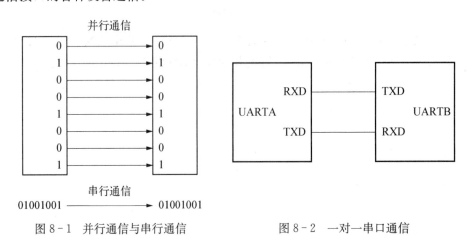

图 8-1　并行通信与串行通信　　　　图 8-2　一对一串口通信

8.1.1　UART 通信

UART(universal asynchronous receiver transmitter)是通用异步收发器的缩写，一般称为串口。UART 有两根数据线：发送(TXD)和接送(RXD)，如图 8-2 所示。UART 通信一般采用一对一的通信方式。通信一方的 TXD 连接另一方的 RXD，一方的 RXD 连接另一方的 TXD，两个线可以实现同时收/发数据，这称为全双工。UART 也可以采用一对多的通信方式，这里就不做介绍了。

在第 3 章中我们已经接触到串口的基本用法，通过 LaunchPad 上的 USB 接口与计算机进行串口通信。除此之外,还可以使用串口引脚连接其他的串口设备进行通信。

MSP430G2 LaunchPad 使用 MSP430G2553 控制器,只有一组串行端口,即 P1.1(TXD)和 P1.2(RXD)。

1) UART 串口工作原理

在 LaunchPad 与其他器件通信的过程中,数据传输实际上都是以数字信号(即电平的高低变化)的形式进行的,串口通信也是如此。当使用 Serial.print()函数输出数据时,LaunchPad 的发送端(TXD)会输出一连串的数字信号,这一连串的数字信号被称为数据帧(data frame)。

例如,当使用 Serial.print('a')语句发送数据时,实际发送的数据帧格式如图 8-3 所示。

起始位										停止位
0	0	1	1	0	0	0	0	0	1	1
低电平				'a' 的ASCII码值为0X61						高电平

图 8-3　UART 数据帧格式

UART 通信协议的数据帧首先是一个起始位,然后是 7～8 位可选的数据位、0～1 位可选的地址判断位、0～1 位可选的奇偶检验位和 1～2 位可选的高电平停止位。

(1) 起始位。起始位是高电平到低电平的下降沿触发的,是一组数据帧开始传输的信号。

(2) 数据位。数据位是一个数据包,其中承载了实际发送数据的数据段。当 LaunchPad 通过串口发送一个数据时,实际的数据可能不是 8 位,比如,标准的 ASCII 码是 7 位(0～127),而扩展的 ASCII 码则是 8 位(0～255)。如果数据使用标准 ASCII 码,那么每个数据包将使用 7 位数据。LaunchPad 默认使用 8 位数据位。

(3) 地址位。0 表示前面 7～8 位传输的是数据,1 表示前面 7～8 位传输的是地址,这对于一主机多个从机通信是有用的。对于 1 对 1 的连接方式是没有用的,可以省略。

(4) 校验位。检验位是串口通信中一种简单的检错方式。可以设置为偶检验或者奇校验。也可以没有校验位。默认无检验位。

(5) 停止位。每段数据帧的最后都有 1～2 位停止位(高电平),表示该段数据帧传输结束。默认是 1 位停止位。

当串口通信速率比较高或者外部干扰较大时,可能会出现数据丢失的情况。为了保证数据传输的稳定性,最简单的方式就是降低通信波特率或增加停止位和校验位。

2) HardwareSerial 类库成员函数

Energia 提供了一个 HardwareSerial 类,我们一直在使用的 Serial 是预先定义好的 HardwareSerial 类的一个对象。该类定义了很多成员函数。

(1) available()函数。

功能:获取串口接收到的数据个数,即获取串口接收缓存区中的字节数。接收缓存区默认情况下最多可以保存 64 B 的数据。

语法:Serial.available()。

参数:无。

返回值：可读取的字节数。

（2）begin()。

功能：初始化串口，配置串口的比特率。

语法：Serial.begin(speed)。

参数：speed，波特率。

返回值：无。

（3）end()。

功能：结束串口通信，释放该串口占用的数字引脚，使它们可以作为普通数据引脚使用。

语法：Serial.end()。

参数：无。

返回值：无。

（4）find()。

功能：从串口缓存区读取数据，直至读到指定的字符串。

语法：Serial.find(target)。

参数：target，需要搜索的字符串或字符。

返回值：boolean 型值，为 true 表示找到，为 false 表示没有找到。

（5）findUntil()。

功能：从串口缓存区读取数据，直至读到指定的字符串或指定的停止符。

语法：Serial.findUntil(target, terminal)。

参数：target，需要搜索的字符串或字符；

　　　terminal，停止符。

返回值：boolean 型值，true 表示找到，false 表示没有找到。

（6）flush()。

功能：清空输入缓存区的内容。

语法：Serial.flush()。

参数：无。

返回值：无。

（7）parseFloat()。

功能：从串口缓存区返回第一个有效的 float 类型数据。

语法：Serial. parseFloat ()。

参数：无。

返回值：float 类型数据。

（8）parseInt()。

功能：从串口缓存区返回第一个有效的 int 类型数据。

语法：Serial. parseInt()。

参数：无。

返回值：int 类型数据。

（9）peek()。

功能：从串口缓存区返回 1 字节的数据，但不会从接送缓存区删除该数据。

语法：Serial. peek()。

参数：无。

返回值：返回接收缓存区的第 1 字节的数据；如果没有可读数据，则返回－1。

（10）print()。

功能：将数据输出到串口。数据以 ASCII 码形式输出。如果想以字节形式输出数据，则需要使用 write()函数。

语法：Serial. print(val)；

　　　　Serial. print(val, format)。

参数：val，需要输出的数据；

　　　format，分两种情况：① 输出的进制形式，包括 BIN(二进制)、DEC(十进制)、OCT(八进制)、HEX(十六进制)；② 指定输出的 float 类型数据带有小数点的位数(默认为 2 位)。

返回值：输出的字节数。

（11）println()。其使用方式和 print()函数相同，这里就不再展开。区别在于 println()函数将数据输出到串口之后，还接着输出回车换行符。

（12）read()。

功能：从串口读取数据。与 peek()函数不同，read()函数每读取 1 字符后，就会从接收缓存区移除该字节。

语法：Serial.read()。

参数：无。

返回值：返回接收缓存区的第 1 字节的数据；如果没有可读数据，则返回－1。

（13）readBytes()。

功能：从接收缓存区读取指定长度的字符，并将其存入一个数组中。若等待数据时间超过设定的超时时间，则退出该函数。

语法：Serial.readBytes(buffer, length)。

参数：buffer，用于存储数据的数组(char[]或者 byte[])；

　　　length，需要读取的字符长度。

返回值：读到的字节数；如果没有读到效长度的数据，则返回 0。

（14）readBytesUntil()。

功能：从接收缓存区读取指定长度的字符，并将其存入一个数组中。如果读到停止符，或者等待数据时间超过设定的超时时间，则退出该函数。

语法：Serial.readBytesUntil(character, buffer, length)。

参数：character，停止符；

　　　buffer，用于存储数据的数组(char[]或者 byte[])；

　　　length，需要读取的字符长度。

返回值：读到的字节数；如果没有读到效长度的数据，则返回 0。

（15）setTimeout()。

功能：设置超时时间。用于设置 Serial. readBytes()函数和 Serial. readBytesUntil()函数的等待串口数据时间。

语法：Serial. setTimeout(time)。

参数：time，超时时间，单位 ms。

返回值：无。

（16）write()。

功能：将数据输出到串口。数据以字节形式输出。

语法：Serial. write(val)；

   Serial. write(str)；

   Serial. write(buf, len)。

参数：val, 需要输出的数据；

   str, String 类型的数据；

   buf, 数组型的数据；

   len, 缓存区的长度。

返回值：输出的字节数。

3）read()函数和 peek()函数的区别

串口接收到的数据都会暂存在接收缓存区中，使用 read()和 peek()函数都是从接收缓存区中读取数据。不同的是，当使用 read()读取数据后，会将该数据从接收缓存区中移除；而使用 peek()读取数据时，不会移除接收缓存区中的数据。

表 8-1 列出了分别使用 read()和 peek()函数读取数据的示例代码，注意两个示例代码仅第 11 行和第 12 行不同。

表 8-1　read()和 peek()的区别

行号	使用 read()函数的示例	使用 peek()函数的示例
1	`void setup()`	`void setup()`
2	`{`	`{`
3	`  Serial.begin(9600);`	`  Serial.begin(9600);`
4	`}`	`}`
5		
6	`void loop()`	`void loop()`
7	`{`	`{`
8	`  char ch;`	`  char ch;`
9		
10	`  while(Serial.available() > 0) {`	`  while(Serial.available() > 0) {`
11	`    ch = Serial.read();`	`    ch = Serial.peek();`
12	`    Serial.print("Read: ");`	`    Serial.print("Peek: ");`
13	`    Serial.println(ch);`	`    Serial.println(ch);`
14	`    delay(500);`	`    delay(500);`
15	`  }`	`  }`
16	`}`	`}`

分别上传以上两个示例程序，打开串口监视器，向 LaunchPad 发送"hello"，则会看到如图 8-4 和图 8-5 所示的不同输出结果。

使用 read()函数，串口依次输出了刚才发送的字符"hello"，输出完成后，串口进入等待状态，等待用户新的输入。而使用 peek()函数在读取数据时，不会移除缓存区中的数据，因此使用 available()获得的缓存区可读字节数不会改变，且每次读取时，都是读取当前缓存区的第 1 个字节'h'，程序将无限循环下去。

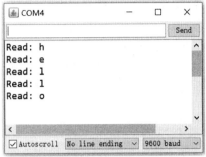

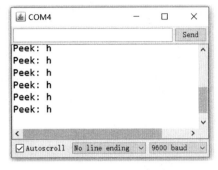

图 8-4　使用 read() 函数读取数据　　　　图 8-5　使用 peek() 函数读取数据

4) print() 函数和 write() 函数的区别

这两个函数都可以输出数据,但输出形式并不相同。表 8-2 的示例程序对两个函数的差别进行了比较。

表 8-2　print() 函数与 write() 函数的区别

```
1    int i = 97;
2    float f = 1.23456;
3    byte bytes[6] = {48,49,50,51,52,53};
4
5    void setup()
6    {
7      Serial.begin(9600);
8      Serial.println();
9      Serial.println(i);         // 输出 97 并换行
10     Serial.write(i);           // 输出字符 a,注:97 是字符'a'的 ASCII 码
11     Serial.println();          // 换行
12
13     Serial.println("Serial"); // 输出 Serial,并换行
14     Serial.write("Serial\n"); // 输出 Serial,并换行,注:"\n"为换行符
15
16     Serial.write(bytes,6);     // 输出 012345,注 48～53 分别是字符'0'～'5'的 ASCII 码
17     Serial.println();
18
19     Serial.println(i,BIN);     // 输出 1100001,注:97 的二进制是 1100001
20     Serial.println(i,OCT);     // 输出 141,注:97 的二进制是 141
21     Serial.println(i,HEX);     // 输出 61,注:97 的二进制是 61
22
23     Serial.println(f);         // 输出 1.23,默认输出两位小数,采用四舍五入
24     Serial.println(f,2);       // 输出 1.23,显示 2 为小数,采用四舍五入
25     Serial.println(f,3);       // 输出 1.235,显示 3 为小数,采用四舍五入
26     Serial.println(f,4);       // 输出 1.2346,显示 4 为小数,采用四舍五入
27   }
28
29   void loop()
30   {
31   }
```

图 8-6   print()与 write()区别

上传以上程序,打开串口监视器,输出结果如图8-6所示。

当执行 Serial.print(97)语句时,串口监视器会输出97;而当执行 Serial.write(97)语句时,串口监视器会将97 理解为 ASCII 码值而显示其对应的字符'a'。

5) 串口控制 RGB LED 色彩

第 6 章讲解了 RGB LED 的原理,并且利用随机数调节红、蓝和绿三个 LED 的显示亮度,组成一个绚丽的彩灯,本次实验我们将根据串口的输入调节 RGB LED 的色彩。示例的代码如表 8-3 所示。

上载以上程序,打开串口监视器,输入"255,0,0"后单击"Send"按键,红灯亮;输入"0,255,0"后点击"Send"按键,绿灯亮;输入"255,255,255"后单击"Send"按键,RGB LED 为白色。

表 8-3   串口控制 RGB LED 色彩示例代码清单

```
1    const int redPin = 10;              // 10 号引脚控制红色 LED
2    const int greenPin = 9;             // 9 号引脚控制绿色 LED
3    const int bluePin = 8;              // 8 号引脚控制蓝色 LED
4
5    int r,g,b;                          // 保存三种颜色 LED 的亮度值(0～255)
6    boolean cmdComplete = false;        // 用于判断命令是否读取完整
7
8    void setup()
9    {
10       Serial.begin(9600);
11       pinMode(redPin,OUTPUT);
12       pinMode(greenPin,OUTPUT);
13       pinMode(bluePin,OUTPUT);
14   }
15
16   void loop()
17   {
18     getCmd();   // 读取串口发出的命令
19     if(cmdComplete) {   // 根据输入控制 LED 的亮度
20       analogWrite(redPin,r);
21       analogWrite(greenPin,g);
22       analogWrite(bluePin,b);
23       Serial.println("red = ");
24       Serial.println(r);
25       Serial.println("green = ");
26       Serial.println(g);
27       Serial.println("blue = ");
28       Serial.println(b);
29     }
30     // 清空数据,为下一次读取做准备
31     r = 0;
32     g = 0;
```

（续表）

33	b = 0;
34	cmdComplete = false;
35	}
36	
37	void getCmd() {
38	// 命令输入格式 r,g,b 例如:255,123,15
39	while(Serial.available() > 0) {
40	r = Serial.parseInt(); // 读取红灯亮度
41	Serial.read(); // 读取","
42	g = Serial.parseInt(); // 读取绿灯亮度
43	Serial.read(); // 读取","
44	b = Serial.parseInt(); // 读取蓝灯亮度
45	cmdComplete = true; // 命令读取完毕
46	}
47	}

8.1.2 I2C 通信

I2C(inter-integrated circuit,也简称为 IIC)总线类型是由飞利浦半导体公司在 20 世纪 80 年代设计出来的。如图 8-7 所示,使用 I2C 协议可以通过两根双向的总线(数据线 SDA 和时钟线 SCL)使得 LaunchPad 可以连接最多 128 个 I2C 从机设备。在实现这种总线连接时,唯一需要的外部器件是每根总线上的上拉电阻。在选购 I2C 设备的时候,要查看其相关手册,查看其是否已经内置了上拉电阻,如果没有则需要在总线和 I2C 设备之间添加一个上拉电阻。

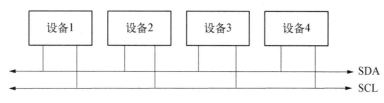

图 8-7 I2C 总线示意图

1) I2C 主机、从机和引脚

与 UART 的一对一通信方式不同,I2C 总线通信通常有主机(master)和从机(slave)之分。通信时,主机负责启动和终止数据发送,同时还要输出时钟信号;从机被主机寻址,并且响应主机的通信请求。

UART 通信中双方需要事先约定同样的波特率才能正常进行通信,而在 I2C 通信中,通信的速率由主机控制的,主机通过 SCL 引脚输出时钟信号供总线上的所有从机使用。

同时 I2C 是一个半双工通信方式,即总线上的设备通过 SDA 引脚传输数据,数据的发送和接收由主机控制,切换进行。

I2C 上的所有通信都是由主机发起的,总线上的设备都应该有各自的地址。主机可以通过这些地址向总线上的任一设备发起连接,从机响应请求并建立连接后,便可进行数据传输。

2) Wire 类库成员函数

对于 I2C 总线的使用,Energia IDE 自带了一个类库 Wire。在 Wire 类库中定义的成员函数如下。

（1）begin()。

功能：初始化 I2C 连接，并作为主机或从机设备加入 I2C 总线。

语法：Wire.begin();

　　　Wire.begin(address)。

参数：address，一个 7 位的从机地址，取值范围 0~127。当没有该参数时，设备会以主机模式加入 I2C 总线；当填写了该参数时，设备会以从机模式加入 I2C 总线。

返回值：无。

（2）requestFrom()。

功能：主机向从机发送数据请求信号。使用 requestFrom()后，从机端可以使用 onRequest()注册一个事件用以响应主机的请求，主机可以通过 available()和 read()函数读取这些数据。

语法：Wire.requestFrom(address, quantity);

　　　Wire.requestFrom(address, quantity, stop)。

参数：address，设备地址；

　　　quantity，请求的字节数；

　　　stop，boolean 类型，当其值为 true 时将发送一个停止信息，释放 I2C 总线；当其值为 false 时，将发送一个重新开始信息，并继续保持 I2C 总线的有效连接。

返回值：无。

（3）beginTransmission()。

功能：设定传输数据到指定的从机设备。随后可以使用 write()函数发送数据，并搭配 endTransmission()函数结束数据传输。

语法：Wire.beginTransmission(address)。

参数：address，需发送的从机的 7 位地址。

返回值：无。

（4）endTransmission()。

功能：结束数据传输。

语法：Wire.endTransmission();

　　　Wire.endTransmission(stop)。

参数：stop，当其值为 true 时将发送一个停止信息，释放 I2C 总线；当没有填写 stop 参数时，等效使用 true；当其值为 false 时，将发送一个重新开始信息，并继续保持 I2C 总线的有效连接。

返回值：byte 类型，表示本次传输的状态，取值如下。

0：成功。

1：数据过长，超出发送缓存区。

2：在地址发送时接收到 NACK 信号。

3：在数据发送时接收到 NACK 信号。

4：其他错误。

（5）write()。

功能：当为主机状态时，主机将要发送的数据加入发送队列；当为从机状态时，从机发送数据至发送请求的主机。

语法：Wire.write(value)；

Wire.write(string)；

Wire.write(data,length)。

参数：value,以单字节发送；

string,以一系列字节发送；

data,以字节形式发送数值；

length,传输的字节数。

返回值：byte 类型,返回输出的字节数。

(6) available()。

功能：返回收到的字节数。在主机中,一般用于主机发送数据请求后；在从机中,一般用于数据接收事件中。

语法：Wire. available()。

参数：无。

返回值：可读取的字节数。

(7) read()。

功能：读取 1 字节的数据。在主机中,当使用 requestFrom()函数发送数据请求信号后,需要使用 read()函数来读取数据；在从机中需要使用该函数读取主机发送来的数据。

用法：Wire.read()。

参数：无。

返回值：读到的数据。

(8) onReceive()。

功能：该函数可在从机端注册一个事件,当从机收到发送的数据时被触发。

语法：Wrie.onReceive(handler)。

参数：handler,可被触发的事件。该事件带有一个 int 型参数(从主机读到的字节数)且没有返回值,如 void myHandler(int numBytes)。

返回值：无。

(9) onRequest()。

功能：注册一个事件,当从机接收到主机的数据请求时即触发。

语法：Wire.onRequest(handler)。

参数：handler,可被触发的事件。该事件不带参数且没有返回值,如 void myHandler()。

返回值：无。

3) I2C 连接方式

MSP430G2 LaunchPad 使用第 14(P1.6)和 15(P1.7)号引脚作为 I2C 通信的 SCL 和 SDA 引脚。如图 8-8 所示,两个 MSP430G2 LaunchPad 可以通过将 SCL、SDA 引脚一一对应连接起来建立 I2C 连接。注意：此时绿色 LED 上面的跳线帽要拔掉。

如果需要有更多的 I2C 设备,也可以将它们连入总线中来。

4) 主机写数据,从机接收数据

本实验要将两个 LaunchPad 分别配置为主机和从机,主机向从机传输数据,从机收到数据后再输出到串口显示。主、从机两端的 I2C 控制程序实现流程图如图 8-9 所示。

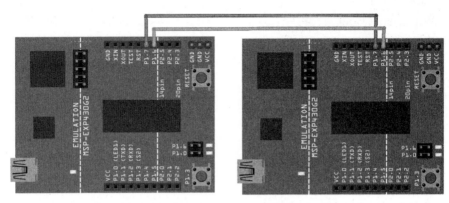

图 8-8 两个 LaunchPad 间的 I2C 连接

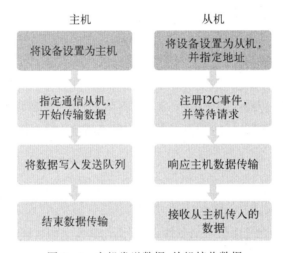

图 8-9 主机发送数据,从机接收数据

(1)主机部分。在菜单栏中打开"File"→"Examples"→"Wire"→"master_writer",这时在编辑窗口会出现程序,如表 8-4 所示。

表 8-4　I2C 通信示例"mster_writer"程序清单

```
1    # include < Wire.h>
2
3    void setup()
4    {
5      Wire.begin();   // 作为主机加入 I2C 总线
6    }
7
8    byte x = 0;
9
10   void loop()
11   {
12     Wire.beginTransmission(4);   // 向地址为 4 的从机发送数据
13     Wire.write("x is ");         // 发送 5B 的字符串
14     Wire.write(x);               // 发送 1B 的数据
```

(续表)

15	Wire.endTransmission(); // 结束发送
16	
17	x + + ;
18	delay(500);
19	}

（2）从机部分。在菜单栏中打开"File"→"Examples"→"Wire"→"slave_receiver"，这时在编辑窗口会出现程序如表8-5所示。

表8-5　I2C通信示例"slave_receiver"程序清单

```
1    # include < Wire.h >
2
3    void setup()
4    {
5      Wire.begin(4);                   // 作为从机加入 I2C 总线，从机地址设为 4
6      Wire.onReceive(receiveEvent);    // 注册一个 I2C 事件
7      Serial.begin(9600);              // 初始化串口
8    }
9
10   void loop()
11   {
12     delay(100);
13   }
14
15   // 当从机收到主机发送的数据时，将触发 receiveEvent()事件
16   void receiveEvent(int howMany)
17   {
18     while(Wire.available() > 1)      // 循环读取收到的数据，最后一个数据单独读取
19     {
20       char c = Wire.read();          // 以字符形式接收数据
21       Serial.print(c);               // 串口输出该字符
22     }
23     int x = Wire.read();             // 以整型形式接收数据
24     Serial.println(x);               // 串口输出该整型变量
25   }
```

使用两个 LaunchPad，分别上传表8-4、表8-5中的程序，并将主、从机相连后，打开从机端的串口监视器，则可以看到如图8-10所示的输出信息，从机输出了从主机发送来的数据。

5）从机发送数据，主机接收数据

本实验仍然用两个 LaunchPad 分别配置为主机和从机，主机在向从机获取数据后，使用串口输出获得的数据。主、从机两端的 I2C 控制程序实现流程图如图8-11所示。

（1）主机部分。在菜单栏中打开"File"→"Examples"→"Wire"→"master_reader"，这时在编辑窗口会出现程序，如表8-6所示。

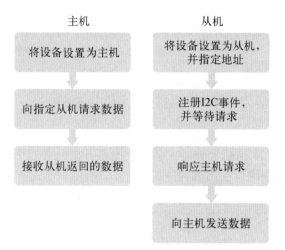

图 8-10　从机输出从主机发来的数据　　　图 8-11　从机发送数据，主机读取数据

表 8-6　I2C 通信示例"master_reader"程序清单

```
1    # include < Wire.h >
2
3    void setup()
4    {
5      Wire.begin();              //作为主机加入 I2C 总线
6      Serial.begin(9600);        // 初始化串口
7    }
8
9    void loop()
10   {
11     Wire.requestFrom(2, 6);   // 向地址为 2 的从机请求 6B 数据
12
13     while(Wire.available())   // 当主机收到从机发送的数据时
14     {
15       char c = Wire.read();   // 以字符形式接收数据
16       Serial.print(c);        // 串口输出该字符
17     }
18
19     delay(500);
20   }
```

（2）从机部分。

在菜单栏中打开"File"→"Examples"→"Wire"→"slave_sender"，这时在编辑窗口会出现程序，如表 8-7 所示。

表 8-7　I2C 通信示例"slave_sender"程序清单

```
1    # include < Wire.h >
2
3    void setup()
4    {
5      Wire.begin(2);                    //作为从机加入 I2C 总线,从机地址设为 2
```

（续表）

6	Wire.onRequest(requestEvent);　　//注册一个 I2C 事件
7	}
8	
9	void loop()
10	{
11	delay(100);
12	}
13	
14	// 当从机收到主机发送数据请求时,将触发 requestEvent()事件
15	// 在 setup()中,该函数被注册为一个事件
16	void requestEvent()
17	{
18	Wire.write("hello\n");　　　　　　// 回应主机的请求发送 6B 的信息
19	}

使用两个 LaunchPad,分别上传程序,并将主、从机相连后,打开主机端的串口监视器,则可以看到如图 8-12 所示的输出信息,主机输出了从机发送来的数据。

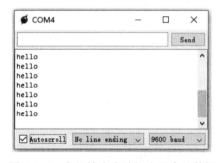

图 8-12　主机输出由从机发送来的数据　　　图 8-13　BH1750FVI 实物图

6) 数字式环境光传感器 BH1750FVI

在实际应用中,一般 LaunchPad 作为主机,一些支持 I2C 协议的传感器作为从机。本次实验选用数字式环境光传感器 BH1750FVI(见图 8-13)作为 I2C 从机。

BH1750 主要特征:

(1) I2C 数字接口,支持速率最大为 400 kbps。

(2) 输出量为光照度(illuminance)。

(3) 测量范围 1~65 535 lx[①],分辨率最小到 1 lx。

(4) 低功耗(Power Down)功能。

(5) 屏蔽 50/60 Hz 市电频率引起的光照变化干扰。

(6) 支持两个 I2C 地址,通过 ADDR 引脚选择。

(7) 较小的测量误差(精度误差最大值±20%)。

BH1750FVI 的工作电压 VCC 取值范围 2.4~4.5 V,I2C 参考电压 1.65~VCC。BH1750FVI 支持单次或连续两种测量模式,每种测量模式又提供了 0.5 lx、1 lx、4 lx 三种分辨

_____

① lx,照度单位,指照射到单位面积上的光通量。

率供选择。分辨率越高,一次测量所需的时间就越长。在单次测量模式时,每次测量之后传感器都自动进入 Power Down 模式。

表 8-8 所示代码测试了传感器在一次测量高分辨率模式下的功能,更详细的信息请查阅产品的 datasheet。

表 8-8 BH1750 应用示例程序清单

```
1    /*
2    连线方式
3    BH1750                LaunchPad G2
4    VCC      < - - - - - >    3.3V
5    GND      < - - - - - >    GND
6    SCL      < - - - - - >    SCL(P1.6),注意要把绿色 LED 上面的跳线帽拔掉
7    SDA      < - - - - - >    SDA(P1.7)
8    ADD      < - - - - - >    NC(无连接)
9    */
10   # include < Wire.h>
11
12   # define ADDRESS_BH1750FVI   0x23     // ADDR= "L"
13   // 定义一次测量高分辨率模式
14   // 该模式下分辨率为 1lx,最长测量时间为 180ms,每次测量后断电
15   # define ONE_TIME_H_RESOLUTION_MODE   0x20
16
17   byte highByte = 0;
18   byte lowByte = 0;
19   unsigned int sensorOut = 0;
20   unsigned int illuminance = 0;
21
22   void setup()
23   {
24       Wire.begin();           // 作为主机加入 I2C 总线
25       Serial.begin(9600);   // 初始化串口
26   }
27
28   void loop()
29   {
30       Wire.beginTransmission(ADDRESS_BH1750FVI);   // 向从机发送数据
31       Wire.write(ONE_TIME_H_RESOLUTION_MODE);        // 设置测量模式
32       Wire.endTransmission();                        // 结束数据传输
33
34       delay(180);
35
36       Wire.requestFrom(ADDRESS_BH1750FVI, 2); // 向从机请求 2B 数据
37       highByte = Wire.read();   // 读取高字节
38       lowByte = Wire.read();    //  读取低字节
39
40       sensorOut = (highByte<< 8) | lowByte;   // 合并成一个 unsigned int
41       illuminance = sensorOut /1.2;   // 计算光亮度
42       Serial.print(illuminance);    // 显示光亮度
43       Serial.println("lx");
44
45       delay(1000);
46   }
```

8.1.3　SPI 通信

SPI(serial peripherial interface)是串行外设接口的简称,也是一种串行通信技术。它由一个主控制器和一个或多个从设备组成,如图 8-14 所示。主控器一般采用微控制器,常用的从设备包括液晶显示屏、SD 卡等。相对于 UART 和 I2C 通信,SPI 通信的速度更快。

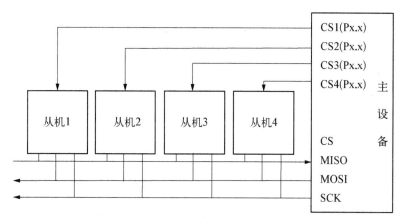

图 8-14　SPI 总线示意图

一个 SPI 设备,通常会有 4 根连线,包括 SCK、MOSI、MISO 和 CS。

(1) SCK 为时钟线,用于通信同步的时钟信号,由主机产生。

(2) MOSI(master out slave in),主机数据输出,从机数据输入。如果设备设定为主机,它就是输出口;如果设备设定为从机,它就是输入口。

(3) MISO(master in slave out),主机数据输入,从机数据输出。如果设备设定为主机,它就是输入口;如果设备设定为从机,它就是输出口。

(4) CS(chip select),从机使能信号,由主机控制。

在 SPI 总线中主机负责输出时钟信号以及选择通信的从机。时钟信号会通过主机的 SCK 引脚输出,提供给通信的从机使用。而对于通信从机的选择,则由从机上的 CS 引脚决定:当从机上的 CS 引脚为低电平时,该从机被选中;当从机上的 CS 引脚为高电平时,该从机断开。数据的收/发通过 MISO 和 MOSI 进行。

不同型号 LaunchPad 控制器对应的 SPI 引脚的位置也有所不同,常见型号的 SPI 引脚位置如表 8-9 所示。

表 8-9　不同型号的 LaunchPad 的 SPI 通信引脚

LaunchPad 型号	SCK	CS	MOSI	MISO
MSP430 G2	7	8	14	15
MSP432	7	18	15	14

1) SPI 类库成员函数

在大多数情况下 LaunchPad 都是作为主机使用的,所以 Energia 的 SPI 类库没有提供 LaunchPad 作为从机的 API。Energia 的 SPI 类库由 SPI.h 和 SPI.cpp 两个文件组成,其中 SPI.h 是 SPI 的头文件,SPI.cpp 是实现文件。SPI 类提供成员函数如下。

（1）begin（）。

功能：初始化 SPI 通信。调用该函数后，SCK、MOSI 和 CS 引脚被设置为输出模式，且 SCK 和 MOSI 引脚被拉低，CS 引脚被拉高。

语法：SPI.begin（）。

参数：无。

返回值：无。

（2）end（）。

功能：关闭 SPI 总线通信。

语法：SPI.end（）。

参数：无。

返回值：无。

（3）setBitOrder（）。

功能：设置传输顺序。

语法：SPI.setBitOrder（order）。

参数为 order，即传输顺序，取值为：① LSBFIRST，低位在前；② MSBFIRST，高位在前（默认配置）。

返回值：无。

（4）setClockDivider（）。

功能：设置通信时钟。时钟信号由主机产生，从机不用配置。但主机时钟频率应该在从机允许的处理速度范围内，否则从机来不及处理，通信失败。

语法：SPI.setClockDivider（divider）。

参数：divider，SPI 通信的时钟是由系统时钟分频得到的。可使用的分频配置如下。

① SPI_CLOCK_DIV2，2 分频。

② SPI_CLOCK_DIV4，4 分频（默认配置）。

③ SPI_CLOCK_DIV8，8 分频。

④ SPI_CLOCK_DIV16，16 分频。

⑤ SPI_CLOCK_DIV32，32 分频。

⑥ SPI_CLOCK_DIV64，64 分频。

⑦ SPI_CLOCK_DIV128，128 分频。

返回值：无。

（5）setDataMode（）。

功能：设置数据模式。为了与外设进行交换数据，根据外设工作要求，其输出串行同步时钟（SCK）极性（clock polarity，CPOL）和相位（clock phase，CPHA）可以进行配置。如果 CPOL=0，SCK 的空闲状态为低电平；如果 CPOL=1，SCK 的空闲状态为高电平。如果 CPHA=0，在 SCK 的第一跳变沿（上升或下降）数据被采样；如果 CPHA=1，在 SCK 的第二跳变沿（上升或下降）数据被采样（见图 8-15）。SPI 主控模块和与之通信的外设时钟极性和相位应该一致。

语法：SPI.setDataMode（mode）。

参数：mode，可配置的模式，取值如下。

① SPI_MODE0，CPOL（Clock Polarity）为 0，CPHA（Clock Phase）为 0。

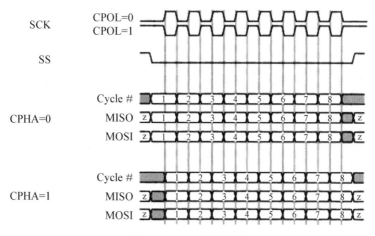

图 8-15　SPI 数据模式

② SPI_MODE1,CPOL 为 0,CPHA 为 1。

③ SPI_MODE2,CPOL 为 1,CPHA 为 0。

④ SPI_MODE3,CPOL 为 1,CPHA 为 1。

返回值:无。

(6) transfer()。

功能:传输 1B 数据。

语法:SPI.transfer(val)。

参数:val,要发送的 1B 数据。

返回值:读到的字节数据。

2) SPI 总线上的数据发送与接收

SPI 总线是一种同步串行总线,其收/发数据可以同时进行。SPI 类库没有像其他类库一样提供用于发送、接收操作的 write() 和 read() 函数,而是用 transfer() 函数代替了两者的功能,其参数是发送的数据,返回值是收到的数据。每发送一次数据,即会接收一次。

3) 使用数字电位器 AD5206

AD5206(见图 8-16)是一个 6 通道、256 位数字控制可变电阻器件,可实现与电位器或可变电阻相同的电子调整功能,也就是说它是一个可以由程序控制调节电阻大小的电位器。

(1) 引脚配置。AD5206 的引脚配置如表 8-10 所示。

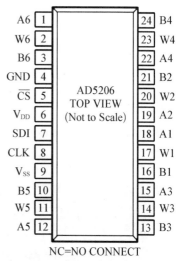

NC=NO CONNECT

图 8-16　AD5206 DIP 封装图

表 8-10　AD5206 引脚

标号	引脚	说　　明	标号	引脚	说　　明
1	A6	6 号电位器 A 端	3	B6	6 号电位器 B 端
2	W6	6 号电位器刷片,地址为 5	4	GND	电源地

（续表）

标号	引脚	说　　明	标号	引脚	说　　明
5	CS	片选,低电平使能	15	A3	3 号电位器 A 端
6	V_{DD}	电源正极	16	B1	1 号电位器 B 端
7	SDI	数据输入,先发送 MSB	17	W1	1 号电位器刷片,地址为 0
8	CLK	时钟信号输入	18	A1	1 号电位器 A 端
9	V_{SS}	电源负极	19	A2	2 号电位器 A 端
10	B5	5 号电位器 B 端	20	W2	2 号电位器刷片,地址为 1
11	W5	5 号电位器刷片,地址为 4	21	B2	2 号电位器 B 端
12	A5	5 号电位器 A 端	22	A4	4 号电位器 A 端
13	B3	3 号电位器 B 端	23	W4	4 号电位器刷片,地址为 3
14	W3	3 号电位器刷片,地址为 2	24	B4	4 号电位器 B 端

V_{DD}可取值＋3V 或＋5V，V_{SS}可取值 0 V 或−2.7 V，但 $| V_{DD} |+| V_{SS} |<5.5$ V。

（2）实验材料。实验材料包括 MSP430G2 LaunchPad、AD5206、6 个 LED、6 个 220 Ω 电阻。

（3）连接示意图。由于 AD5206 使用 SPI 控制，因此需要将其与 LaunchPad 的 SPI 引脚连接。本示例的引脚连接情况如表 8 - 11 所示。

表 8 - 11　AD5206 与 LaunchPad 的引脚连接

AD5206 引脚	LaunchPad 引脚	AD5206 引脚	LaunchPad 引脚
CLK	SCK	GND	GND
CS	CS	Ax	3.3 V
SDI	MOSI	Bx	GND
V_{DD}	3.3 V	Wx	连接 220 Ω 电阻一端

所有的 LED 灯的正极连接 220 Ω 电阻，LED 灯的负极接地（见图 8 - 17）。

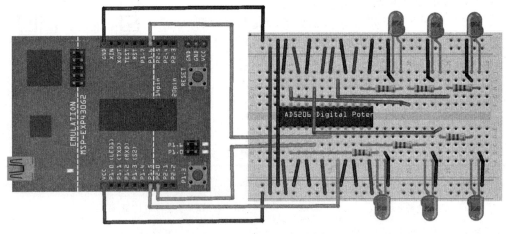

图 8 - 17　SPI 应用连接示意图

（4）原理分析。AD5206 的各通道均内置了一个带游标触点的可变电阻,每个可变电阻均有各自的锁存器,用于保存其编程的电阻值。这些锁存器由一个内部串行至并行移动寄存器更新,该移位寄存器从一个 SPI 接口加载数据。如表 8-12 所示,由 11 个数据位构成的数据读到串行输入寄存器中,前 3 位经过解码,可确定当 CS 引脚上的选择脉冲变回高电平时,哪一个锁存器需要载入该数字的后 8 位。

表 8-12　输入到 AD5206 的串行数据

3 位地址			8 位数据值							
A0	A1	A2	D0	D1	D2	D3	D4	D5	D6	D7
1	0	0	0	1	0	1	1	1	1	0
4			94							
5 号电位器			对应电阻值=10 kΩ×95/256							

（5）实现代码。在菜单栏中打开"File"→"Examples"→"SPI"→"DigitalPotControl",这时在编辑窗口会出现程序,如表 8-13 所示。

表 8-13　AD5206 应用示例程序清单

```
1    // 引用 SPI 库
2    # include < SPI.h>
3
4    // 设置 8 号引脚控制 AD5206 的 CS 引脚
5    const int slaveSelectPin = 8;
6
7    void setup() {
8      // 设置 slaveSelectPin 为输出
9      pinMode (slaveSelectPin, OUTPUT);
10     // 初始化 SPI
11     SPI.begin();
12   }
13
14   void loop() {
15     // 分别操作 6 个通道的数字电位器
16     for (byte channel = 0; channel < 6; channel++ ) {
17       // 逐渐增大每个通道的阻值
18       for (byte level = 0; level < 255; level++ ) {
19         digitalPotWrite(channel, level);
20         delay(10);
21       }
22       // 延时一段时间
23       delay(100);
24       //逐渐减少每个通道的阻值
25       for (byte level = 0; level < 255; level++ ) {
26         digitalPotWrite(channel, 255 - level);
27         delay(10);
28       }
29     }
30   }
```

(续表)

31	
32	`int digitalPotWrite(byte address, byte value) {`
33	`  // 将 slaveSelectPin 引脚输出低电平,选择使能 AD5206`
34	`  digitalWrite(slaveSelectPin, LOW);`
35	`  //  向 SPI 传输地址和对应的配置值`
36	`  SPI.transfer(address);`
37	`  SPI.transfer(value);`
38	`  //将 slaveSelectPin 引脚输出高电平,取消选择 AD5206`
39	`  digitalWrite(slaveSelectPin, HIGH);`
40	`}`

首先需要将 AD5206 的 CS 引脚拉低,以便使能芯片,并使用 SPI. begin()函数初始化 SPI 总线。然后使用 SPI. transfer()函数将地址位和数据位发送至 AD5206(见表 8 - 13)。如表 8 - 12 所示,由于 AD5206 的串行输入寄存器只有 11 位,因此前 5 位数据会被挤出寄存器,剩下的 11 位数据中前面的 3 位为地址,其后的 8 位为调节电阻值使用的数值。最后再将 CS 引脚拉高,AD5206 便会按照写入寄存器的数据控制其对应的电位器的阻值。

上传该程序后便可以通过 LED 的亮与灭看出 AD5206 调节阻值的效果了。

4)软件模拟 SPI 通信

在使用 SPI 时,必须将设备连接到 LaunchPad 指定的 SPI 引脚上。Energia 还提供了模拟 SPI 通信功能,使用模拟 SPI 通信可以指定 LaunchPad 上的任意数值引脚为模拟 SPI 引脚,并与其他 SPI 器件连接进行通信。Energia 提供了两个相关的函数用于实现模拟 SPI 通信功能,分别是 shiftOut()和 shiftIn(),这两个函数在第 6 章中已经做过介绍了。

8.2　Ethernet 通信

8.2.1　原理

LaunchPad 不仅可以和各种硬件通信,还可以接入互联网,进行网络通信。TI 提供的一款 LaunchPad with TM4C1294NCPDT 开发板 EK - TM4C1294XL(见图 8 - 18),具有以太网接口,利用 Energia IDE 提供 Ethernet 类库,使用它可以轻松地将 LaunchPad 接入网络中。

学习本章需要一定的网络知识,可以查阅其他书籍了解网络通信的基本知识及 HTML 语言的使用方法。

8.2.2　Ethernet 类库

使用 Ethernet 类库需要包含该库的头文件 Ethernet.h;由于 MCU 是通过 SPI 总线连接到以太网接口而实现网络功能的,所以也需要包含 SPI.h 头文件。Ethernet 类库中定义了多个类,要想完成网络通信,需要多个类配合使用。EK - TM4C1294XL 的 MAC 地址一般贴在板卡的背面。

1)Ethernet 类

该类用于完成以太网的初始化和进行相关的网络配置,其成员函数如下。

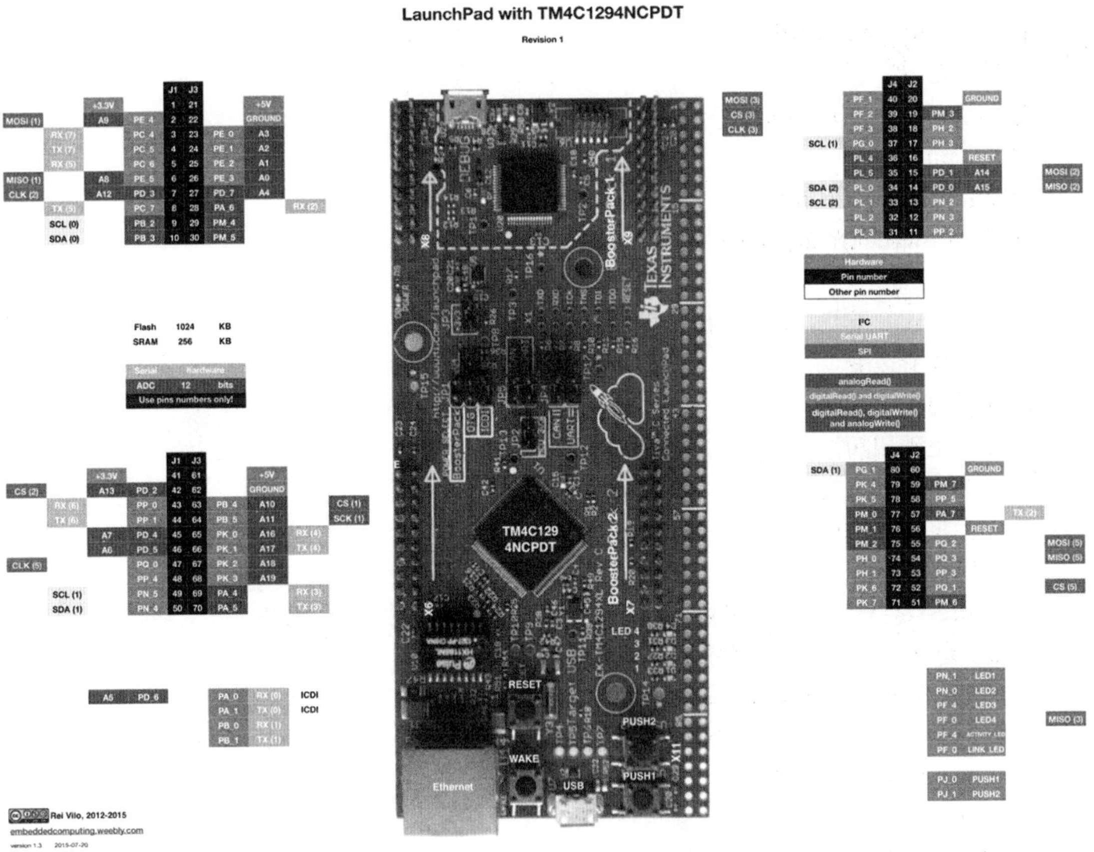

图 8 - 18　EK - TM4C1294XL 引脚图

（1）begin（）。

功能：初始化以太网并进行相关配置。可以在参数中配置 MAC 地址、IP 地址、DNS 地址、网关、子网掩码。支持 DHCP,当只设置 MAC 地址时,设备会自动获取 IP 地址。

语法：Ethernet.begin(mac)；

　　　Ethernet.begin(mac, ip)；

　　　Ethernet.begin(mac, ip, dns)；

　　　Ethernet.begin(mac, ip, dns, gateway)；

　　　Ethernet.begin(mac, ip, dns, gateway, subnet)。

参数：mac,本设备的 MAC 地址;

　　　ip,本设备的 IP 地址;

　　　dns,DNS 服务器地址;

　　　gateway,网关 IP 地址,默认为 IP 地址最后一个字节为 1 的地址;

　　　subnet,子网掩码,默认为 255.255.255.0。

返回值：当使用 Ethernet.begin(mac)函数进行 DHCP 连接时,连接成功返回 1,失败返回 0;如果指定了 IP 地址,则不返回任何数据。

（2）localIP（）。

功能：获取设备的 IP 地址。当使用 DHCP 方式连接时,可以通过该函数获得 IP 地址的值。

语法：Ethernet.localIP()。

参数：无。

返回值：设备的 IP 地址。

（3）maintain()。

功能：更新 DHCP 租约。

语法：Ethernet.maintain()。

参数：无。

返回值：byte 类型，可以为下列值。

① 0 为没有改变。

② 1 为更新失败。

③ 2 为更新成功。

④ 3 为重新绑定失败。

⑤ 4 为重新绑定成功。

2）IPAddress 类

IPAddress 类只有一个构造函数，用于定义一个存储 IP 地址的对象。

功能：定义一个对象用于存储一个 IP 地址。

语法：IPAddress ip(address)。

参数：ip，用户自定义的一个存储 IP 地址的对象；

address，一个 IP 地址。例如：192.168.1.1。

返回值：无。

3）EthernetServer 类

使用 EthernetServer 类可以创建一个服务器端对象，用于与客户端设备之间发送或接收数据，其成员函数如下。

（1）EthernetServer()。

功能：创建一个服务器对象，并指定监听端口。

语法：EthernetServer server(port)。

参数：server，一个 EthernetServer 类的对象；

port，监听端口。

返回值：无。

（2）begin()。

功能：服务器开始监听接入的连接。

语法：server.begin()。

参数：server，一个 EthernetServer 类的对象。

返回值：无。

（3）available()。

功能：获取一个连接到本服务器且可读数据的客户端对象。

语法：server. available ()。

参数：server，一个 EthernetServer 类的对象。

返回值：一个客户端(EthernetClient 类型)对象。

（4）write（）。

功能：发送数据到所有连接到本服务器的客户端。

语法：server. write（data）。

参数：server，一个 EthernetServer 类的对象；

　　　data，发送的数据，byte 或 char 类型。

返回值：发送的字节数。

（5）print（）。

功能：发送数据到所有连接到本服务器的客户端。数据以 ASCII 码的形式一个一个地发送。

语法：server. print（data）；

　　　server. print（data，BASE）。

参数：server，一个 EthernetServer 类的对象；

　　　data，发送的数据，可以为 byte、char、int、long、string 类型；

　　　BASE，指定数据以何种进制形式输出。

返回值：发送的字节数。

（6）println（）。

功能：发送数据到所有连接到本服务器的客户端，最后再发送一个换行符。数据以 ASCII 码的形式一个一个地发送。

语法：server. println（）；

　　　server. println（data）；

　　　server. println（data，BASE）。

参数：server，一个 EthernetServer 类的对象；

　　　data，发送的数据，可以为 byte、char、int、long、string 类型；

　　　BASE，指定数据以何种进制形式输出。

返回值：发送的字节数。

4）EthernetClient 类

使用 EthernetClient 类可以创建一个客户端对象，用于连接到服务器，并发送或接收数据。其成员函数如下。

（1）EthernetClient（）。

功能：创建一个客户端对象。

语法：EthernetClient　client。

参数：client，一个 EthernetClient 类对象。

返回值：无。

（2）if（EthernetClient）。

功能：检查指定的客户端对象是否可用。

语法：if（client）。

参数：client，一个 EthernetClient 类对象。

返回值：boolean 类型，为 ture 表示可用，为 false 表示不可用。

（3）connect（）。

功能：连接到指定的 IP 地址和端口。

语法：client.connect()；

  client.connect(ip, port)；

  client.connect(URL, port)。

参数：client，一个 EthernetClient 类对象；

  ip，client 准备连接的服务器的 IP 地址，必须是一个 4 字节的数组变量；

  port，int 类型，连接服务器的端口号。

返回值为 int 类型，可以为下列值：

① 1 为没有改变；

② −1 为连接超时；

③ −2 为无效的服务器；

④ −3 为被分段；

⑤ −4 为无效的响应。

（4）connected()。

功能：检查客户端是否已经连接。

语法：client.connected()。

参数：client，一个 EthernetClient 类对象。

返回值：boolean 类型，为 ture 表示已经连接，为 false 表示没有连接。

（5）write()。

功能：发送数据到已经连接的服务器上。

语法：client. write(data)。

参数：client，一个 EthernetClient 类对象；

  data，发送的数据，byte 或 char 类型。

返回值：发送的字节数。

（6）print()。

功能：发送数据到已经连接的服务器上。数据以 ASCII 码的形式一个一个地发送。

语法：client. print(data)；

  client. print(data, BASE)。

参数：client，一个 EthernetClient 类对象；

  data，发送的数据，可以为 byte、char、int、long、string 类型；

  BASE，指定数据以何种进制形式输出。

返回值：发送的字节数。

（7）println()。

功能：发送数据到已经连接的服务器上，最后再发送一个换行符。数据以 ASCII 码的形式一个一个地发送。

语法：client. println()；

  client. println(data)；

  client. println(data, BASE)。

参数：client，一个 EthernetClient 类对象；

  data，发送的数据，可以为 byte、char、int、long、string 类型；

  BASE，指定数据以何种进制形式输出。

返回值：发送的字节数。

（8）available（）。

功能：获取可读字节数。可读数据为所连接的服务端发送来的数据。

语法：client.available（）。

参数：client，一个 EthernetClient 类对象。

返回值：可读的字节数。如果没有可读数据，则返回−1。

（9）read（）。

功能：读取接送到的数据。

语法：client.read（）。

参数：client，一个 EthernetClient 类对象。

返回值：一个字节的数据。如果没有可读数据，则返回−1。

（10）flush（）。

功能：清除已写入客户端但还没有被读取的数据。

语法：client.flush（）。

参数：client，一个 EthernetClient 类对象。

返回值：无。

（11）stop（）。

功能：断开与服务器的连接。

语法：client.stop（）。

参数：client，一个 EthernetClient 类对象。

返回值：无。

5）EthernetUDP 类

使用 EthernetUDP 类可以发送或接收 UDP 报文。其成员函数如下。

（1）EthernetUDP（）。

功能：EthernetUDP 类构造函数，完成 EthernetUDP 类对象的初始化。

语法：EthernetUDP　Udp。

参数：Udp，定义一个 EthernetUDP 类对象。

（2）begin（）。

功能：初始化 UDP 库并进行相关的网络配置。

语法：Udp.begin（localPort）。

参数：Udp，一个 EthernetUDP 类对象；

　　　　localPort，int 类型，本地监听端口号。

返回值：boolean 类型，为 ture 表示已经连接，为 false 表示没有连接。

（3）read（）。

功能：从指定缓存区中读取接送到的 UDP 数据。在使用该函数之前必须前调用 parsePacket 函数。

语法：Udp.read（）；

　　　　Udp.read（packetBuffer，MaxSize）。

参数：Udp，一个 EthernetUDP 类对象；

　　　　packetBuffer，用于接收数据包的缓存区（char）；

MaxSize,缓存区的最大容量(int)。

返回值:char 类型,表示从缓存区中读取到的字符数。

(4) write()。

功能:向 UDP 连接的对端发送 UDP 数据包。write()函数需要在 beginPacket()和 endPacket()函数之间调用。

语法:Udp.write(message);

Udp.write(buffer,size)。

参数:Udp,一个 EthernetUDP 类对象;

message,准备发送的数据(char);

buffer,存放发送数据的数组(byte 或者 char);

size,buffer 的长度。

返回值:发送的字节数。

(5) beginPacket()。

功能:开始向远程设备发送 UDP 数据包。

语法:Udp. beginPacket(remoteIP,remotePort)。

参数:Udp,一个 EthernetUDP 类对象;

remoteIP,远程连接对端的 IP 地址(4 bytes);

remotePort,远程连接对端的端口号(int)。

返回值:无。

(6) endPacket()。

功能:完成 UDP 数据包的发送。

语法:Udp. endPacket()。

参数:Udp,一个 EthernetUDP 类对象。

返回值:无。

(7) parsePacket()。

功能:检测是否有 DUP 数据包可读取,如果有则返回其可读字节数。

语法:Udp. parsePacket()。

参数:Udp,一个 EthernetUDP 类对象。

返回值:int 类型,表示 UDP 数据包的大小。如果没有可读数据,则返回—1。

(8) available()。

功能:获取缓存区中可读字节数。首先要调用 Udp. parsePacket(),然后 available()函数才有效。

语法:Udp.available()。

参数:Udp,一个 EthernetUDP 类对象。

返回值:可读的字节数。如果没有可读数据,则返回—1。

(9) stop()。

功能:终止 Udp 连接。

语法:Udp.stop()。

参数:Udp,一个 EthernetUDP 类对象。

返回值:无。

（10）remoteIP（）。

功能：获得远程设备的 IP 地址。

语法：Udp.remoteIP（）。

参数：Udp，一个 EthernetUDP 类对象。

返回值：4 个字节的 IP 地址，UDP 连接对端的 IP 地址。

（11）remotePort（）。

功能：获得远程连接的端口号。

语法：Udp.remotePort（）。

参数：Udp，一个 EthernetUDP 类对象。

返回值：int 类型，远程连接的端口号。

8.2.3　建立一个 Web 服务器

在 EK－TM4C1294XL LaunchPad 上建立一个简单 Web 服务器，当该服务器接收到浏览器的访问请求时，会发送响应信息。假设 LaunchPad 的 26 号（A0）引脚连接一个光敏传感器，服务器会读取 26 号（A0）引脚的值，然后把该值发回给浏览器。程序代码如表 8－14 所示。

表 8－14　简单 Web 服务器应用示例程序清单

```
1    # include < SPI.h>
2    # include < Ethernet.h>
3    // 设定 MAC 地址和 IP 地址
4    // IP 地址需要参考本地网络的设置
5    byte mac[] = {0xDE, 0xAD, 0xBE, 0xEF, 0xFE, 0xED};    // 根据板卡实际 MAC 地址进行修改
6    IPAddress ip(192,168,1,177);                          // 根据实际网络配置情况进行修改
7
8    // 初始化 Ethernet 库，HTTP 的默认端口为 80
9    EthernetServer server(80);
10
11   const int analogChannel = 26;    // 设置传感器引脚
12
13   void setup()
14   {
15     // 初始化串口
16     Serial.begin(9600);
17     // 开始 Ethernet 连接，并作为服务器初始化
18     Ethernet.begin(mac,ip);
19     server.begin();
20     Serial.print("Server is at ");
21     Serial.println(Ethernet.localIP());
22   }
23
24   void loop()
25   {
26     // 监听客户端传来的数据
27     EthernetClient client = server.available();
28     if(client) {
```

```
29      Serial.println("new client");
30      // HTTP 请求结尾带有一个空行
31      boolean currentLineIsBlank = true;
32      while(client.connected()) {
33        if(client.available()) {
34          char c = client.read();
35          Serial.write(c);
36          // 如果收到空白行,说明 HTTP 请求结束,发送响应消息
37          if(c == '\n' && currentLineIsBlank) {
38                  client.println("HTTP/1.1 200 OK");
39                  client.println("Content- type:text /html");
40                  client.println("Connection:close");
41                  client.println();
42                  client.println("<! DOCTYPE HTML>");
43                  client.println("< html>");
44                  //添加一个 meta 刷新标签,浏览器每 5 s 刷新一次
45                  client.println("< meta http- equiv= \"refresh\"content= \"5\" >");
46                  // 读取模拟传感器的值
47                  int sensorReading = analogRead(analogChannel);
48                  client.print("analog input ");
49                  client.print(analogChannel);
50                  client.print("is ");
51                  client.print(sensorReading);
52                  client.println("< br />");
53                  client.println("< /html");
54                  break;
55          }
56        if( c == '\n') {
57                // 已经开始一个新行
58                currentLineIsBlank = true;
59        }
60        else if( c != '\r') {
61            // 在当前行已经得到一个字符
62            currentLineIsBlank = false;
63        }
64      }
65    }
66    // 等待浏览器接收数据
67    delay(1);
68    // 断开连接
69    client.stop();
70    Serial.println("client disconnected");
71  }
72 }
```

上载程序后,通过浏览器访问 LaunchPad 所在的 IP 地址(如程序中设定的 IP 地址为 192.168.1.177),即可看到页面显示传感器的读数信息。

本示例构建了一个简单的 Web 服务器,仅仅通过 LaunchPad 将获取的传感器数据信息传输到浏览器上。进一步,还可以通过网页上的按键控制 LaunchPad 开关 LED 等,这里就不

再做详细介绍,读者可以阅读 http：//energia.nu/网站上的相应示例。

8.2.4　使用 UDP 发送/接收数据

　　在菜单栏中打开"File"→"Examples"→"Ethernet"→"UDPSendReceiveString",这时在编辑窗口会出现如表 8‑15 所示的程序。该示例将展示 Energia 环境下 UDP 通信的发送和接收过程。

表 8‑15　使用 UDP 发送/接收数据示例程序清单

```
1    # include < SPI.h>
2    # include < Ethernet.h>
3    # include < EthernetUdp.h>
4
5    // 为 LaunchPad 设置 MAC 地址和 IP 地址
6    // IP 地址的配置要根据你所处的网络情况而定
7    byte mac[] = {0xDE, 0xAD, 0xBE, 0xEF, 0xFE, 0xED}; // 根据板卡实际 MAC 地址进行修改
8    IPAddress ip(192,168,1,177);                      // 根据实际网络配置情况进行修改
9
10   unsigned int localPort = 8888;        // 设置本地监听端口
11
12   // 接收和发送数据的数据
13   char packetBuffer[UDP_TX_PACKET_MAX_SIZE]; //保存收到数据包的缓存区
14   char  ReplyBuffer[] = "acknowledged\n";      // 一个返回的字符串
15
16   // 定义一个 EthernetUDP 对象
17   EthernetUDP Udp;
18
19   void setup() {
20     // 初始化网络并开始 UDP 通信
21     Ethernet.begin(mac,ip);
22     Udp.begin(localPort);
23
24     Serial.begin(9600);
25     Serial.println("UDPSendReceiveString setup");
26     Serial.print("listening on ");
27     ip.printTo(Serial);
28     Serial.print(":");
29     Serial.println(localPort);
30   }
31
32   void loop() {
33     // 如果有可读数据,那么读取一个包
34     int packetSize = Udp.parsePacket();
35     if(packetSize) {
36       Serial.print("Received packet of size ");
37       Serial.println(packetSize);
38       Serial.print("From ");
39       // 输出 IP 地址和端口等 UDP 连接信息
40       IPAddress remote = Udp.remoteIP();
41       for (int i = 0; i < 4; i++ ) {
42         Serial.print(remote[i], DEC);
```

(续表)

```
43        if (i < 3) {
44          Serial.print(".");
45        }
46      }
47      Serial.print(", port ");
48      Serial.println(Udp.remotePort());
49
50      // 将数据包读入数组
51      Udp.read(packetBuffer,UDP_TX_PACKET_MAX_SIZE);
52      Serial.println("Contents:");
53      Serial.println(packetBuffer);
54
55      // 发送应答到刚才传输数据包来的设备
56      Udp.beginPacket(Udp.remoteIP(), Udp.remotePort());
57      Udp.write(ReplyBuffer);
58      Udp.endPacket();
59    }
60    delay(10);
61 }
```

从以上示例程序中可以看出：

在接收数据包时，首先通过 Udp.parsePacket() 函数检测是否接收到数据包，并获取到包的长度，然后再使用 Udp.read() 将数据存入数组。

在发送数据包时需要三步：

(1) 使用 Udp.beginPacket() 指定远端通信的 IP 地址和端口。

(2) 使用 Udp.write() 发送数据。

(3) 使用 Udp.endPacket() 结束包的发送。

可以把两块 TM4C129 Connected LaunchPad 通过网线连接到一个路由器上，根据网络和板卡的实际情况，修改上述代码中的 MAC 地址和 IP 地址（注意，同一个网络中两个 LaunchPad 的 IP 地址不能相同）。然后通过 USB 连线把两块 LaunchPad 连接到两台计算机上，分别上载程序，两个 LaunchPad 就可以进行 UDP 通信了。当然，UDP 通信的另一端也可以是互联网上一台计算机上运行的 UDP Client 程序。

8.3 无线通信

LaunchPad 可使用的无线通信方式众多，如红外、蓝牙、WiFi 和 ZigBee 等。

比较为常用的方式是使用串口透传模块，这类模块在设置好以后连接到 LaunchPad 串口，即可采用串口通信的方式进行通信，这个过程相当于将串口的有线通信改为无线通信方式，而原有程序不需要修改。

另一种常用的方式是使用 SPI 接口的无线模块，该类模块通常都有配套的驱动库。这种方式驱动无线模式，传输速度更快，可以完成更多高级操作。

LaunchPad 可以使用的无线模块很多，驱动方式各不相同，本节介绍几种常用的无线通信方式：红外通信、蓝牙通信和 WiFi。

8.3.1　红外通信

1）原理

红外遥控是一种利用红外光编码进行数据传输的无线通信技术，具有抗干扰能力强、信息传输可靠、功耗低、成本低、易实现等显著优点，被诸多电子设备特别是家用电器广泛采用。生活中常用的电视遥控器和空调遥控器，都是使用红外遥控。

通用红外遥控系统由发射和接收两大部分组成。发射部分一般由指令键（或操作杆）、指令编码系统、调制电路、驱动电路、发射电路等几部分组成。当按下指令键或推动操作杆时，指令编码电路产生所需的指令编码信号，指令编码信号对载波进行调制，再由驱动电路进行功率放大后由发射电路向外发射经调制的指令编码信号。接收部分一般由接收电路、放大电路、调制电路、指令译码电路、驱动电路、执行电路（机构）等几部分组成。接收电路将发射器发出的已调制的编码指令信号接收下来，并进行放大后送解调电路，解调电路将已调制的指令编码信号解调出来，即还原为编码信号。指令译码器将编码指令信号进行译码，最后由驱动电路来驱动执行电路实现各种指令的操作控制。

下面介绍几种红外线遥控常用器材。

（1）一体化红外接收头。一体化红外接收头（图 8 - 19）的内部集成了红外接收电路，包括红外监测二极管、放大器、限幅器、带通滤波器、积分电路和比较器等。它可以接收红外信号并还原成发送端的波形信号。通常使用的一体化红外接收头都是接收 38 kHz 左右的红外信号。不同的红外一体机接收头可能会有不同的引脚定义，使用的时候请仔细阅读使用说明书。

（2）红外遥控器。红外遥控器（见图 8 - 20）上的每个按键都有各自的编码，按下按键后，遥控器就会发出对应编码的红外波。最常见的红外遥控器大多使用 NEC 编码。

OUT　GND　VCC

图 8 - 19　一体化红外接收头　　图 8 - 20　红外遥控器　　图 8 - 21　红外发光二极管

生活中的大多数红外通信都使用 38 kHz 的频率进行通信。如果使用其他频率进行通信，则需要选用对应频率的器材。

（3）红外发光二极管。红外发光二极管（见图 8 - 21）和普通的发光二极管外形很相似，但是它可以发出肉眼不可见的红外光。与红外一体接收头搭配使用，就可以进行红外通信了。

2）IRremote 类库

（1）IRrecv 类。IRrecv 类可用于接收红外信号并对其解码。在使用该类之前，需要定义一个该类的对象，比如取名为 irrecv。IRrecv 类的成员函数如下。

① IRrecv()。

功能：IRrecv 类的构造函数。可用于指定红外一体化接收头的连接引脚。

语法：IRrecv　irrecv(recvpin)。

参数：irrecv，一个 IRrecv 类的对象；

　　　recvpin，连接到红外一体化接收头的 OUT 引脚的 LaunchPad 引脚的编号。

返回值：无。

② enableIRIn()。

功能：初始化红外解码。

语法：irrecv.enableIRIn()。

参数：irrecv，一个 IRrecv 类的对象。

返回值：无。

③ decode()。

功能：对接收到的红外信息进行解码。

语法：irrecv.decode(&results)。

参数：irrecv，一个 IRrecv 类的对象；

　　　results，一个 decode_results 类的对象。

返回值：int 类型，解码成功返回 1，失败返回 0。

④ resume()。

功能：接收下一个编码。

语法：irrecv.resume()。

参数：irrecv，一个 IRrecv 类的对象。

返回值：无。

(2) IRsend 类。IRsend 类可以对红外信号编码并发送。

① IRsend()。

功能：IRsend 类的构造函数。

语法：IRsend irsend ()。

参数：irsend，一个 IRsend 类的对象。

返回值：无。

② sendNEC()。

功能：以 NEC 编码格式发送指定值。

语法：irsend.sendNEC(data, nbits)。

参数：irsend，一个 IRsend 类的对象；

　　　data，发送的编码值；

　　　nbits，编码位数。

返回值：无。

③ sendSony()。

功能：以 NEC 编码格式发送指定值。

语法：irsend.sendSony(data, nbits)。

参数：irsend，一个 IRsend 类的对象；

　　　data，发送的编码值；

　　　nbits，编码位数。

返回值：无。

④ sendRaw()。

功能：发送原始红外编码信号。

语法：irsend.sendRaw(buf,len,hz)。

参数：irsend,一个 IRsend 类的对象；

buf,存储原始编码的数组；

len,数组长度；

hz,红外发射频率。

返回值：无。

除此之外还有如下函数,用于常见协议的红外信号发送：

① SendRC5();

② SendRC6();

③ SendDISH();

④ SendSharp();

⑤ SendPansonic();

⑥ SendJVC()。

3) 红外接收

要想使用遥控器来控制 LaunchPad,首先需要了解遥控器各按键对应的编码。不同的遥控器,不同的按键,不同的协议,都对应着不同的编码。可通过 IRremote 的示例程序来获取遥控器发送信号的编码。

在菜单栏中打开"File"→"Examples"→"IRremote"→"IRrecvDemo",这时在编辑窗口会出现程序,如表 8-16 所示。

表 8-16　红外遥控接收应用示例程序清单

```
1    # include < IRremote.h>
2
3    int RECV_PIN = 11;          // 红外一体化接收头连接到 MSP430G2 LaunchPad 的 11 号引脚
4
5    IRrecv irrecv(RECV_PIN);
6
7    decode_results results;// 用于存储编码结果的对象
8
9    void setup()
10   {
11     Serial.begin(9600);  // 初始化串口
12     irrecv.enableIRIn(); // 初始化红外解码
13   }
14
15   void loop() {
16     if (irrecv.decode(&results)) {
17         Serial.println(results.value, HEX);
18         irrecv.resume(); //  接收下一个编码
19     }
20   }
```

把一体化红外接收头的 OUT 引脚连接到 LaunchPad 的 11 号引脚,VCC 和 GND 引脚分别连接到 LaunchPad 的 VCC 和 GND 引脚就可。把红外遥控器对准一体化红外接收头,按下不同的按键,通过串口监控器就可以看到相应按钮的编码了。

图 8-22　按键的编码信息

上载表 8-16 中程序,运行该示例后,使用遥控器向红外一体化接收头发送信号,依次按下按键"1~9"和"0",在串口监视器中查看,可以看到如图 8-22 所示的信息。

在本实验中按键"1"对应的编码是"FFA25D",按键"2"对应的编码是"FF629D",等等。遥控器的每个按键都对应了不同的编码,不同的遥控器使用的编码方式也不相同。

4) 使用红外控制 LED 灯的亮与灭

表 8-17 中示例通过红外线控制 LED 的亮与灭。按下红外遥控器的按键"1"点亮红色 LED 灯,按下红外遥控器的按键"2"熄灭红色 LED 灯。红色 LED 灯直接使用 MSP430G2 LaunchPad 底板自带的 LED 灯,一体化红外接收头连接方式与上例相同。

表 8-17　红外遥控应用示例程序清单

```
1    # include < IRremote.h>
2
3    int RECV_PIN = 11;              // 红外一体化接收头连接到 MSP430G2 LaunchPad 的 11 号引脚
4
5    IRrecv irrecv(RECV_PIN);
6
7    decode_results results;     // 用于存储编码结果的对象
8
9    void setup()
10   {
11     Serial.begin(9600);        // 初始化串口
12     irrecv.enableIRIn();       // 初始化红外解码
13     pinMode(RED_LED,OUTPUT); // 设置 RED_LED(P1.0)为输出
14   }
15
16   void loop() {
17     if (irrecv.decode(&results)) {
18       if(results.value == 0xFFA25D) {          // 接收到按键"1"
19           Serial.println(results.value, HEX);
20           digitalWrite(RED_LED,HIGH);
21       }
22       else if (results.value == 0xFF629D) {  // 接收到按键"2"
23           Serial.println(results.value, HEX);
24           digitalWrite(RED_LED,LOW);
25       }  irrecv.resume();                      //  接收下一个编码
26   }
27 }
```

8.3.2　蓝牙通信

1）原理

蓝牙(Bluetooth)是一种支持设备短距离通信的无线技术标准,可实现移动电话、PDA、无线耳机、笔记本电脑等相关设备之间进行无线信息交换。蓝牙技术最初由电信巨头爱立信公司于 1994 年创制,当时是作为 RS232 数据线的替代方案,使用 2.4～2.485 GHz 的 ISM 波段的 UHF 无线电波,其数据速率为 1 Mbps,采用时分双工传输方案。

蓝牙串口是基于 SPP 协议(serial port profile),能在蓝牙设备之间创建串口进行数据传输的一种设备。蓝牙串口的目的是如何在两个不同设备(通信的两端)上的应用之间保证一条完整的通信路径。

2）常用模块

目前市场上可以找到的比较容易使用的蓝牙串口模块有 HC - 05、HC - 06 和 HC - 02 等,价格比较便宜。HC - 05 模块可以在主机和从机之间切换,HC - 06 模块只能作为从机,这两个模块只支持与 Android 手机通信。HC - 02 模块可以同时兼容 HC05 /06,既可以和 Android 手机通信也可以和 iPhone 通信。

下面以 HC - 05 模块(见图 8 - 23)为例简述其相关应用。其初始密码为 1234,默认波特率为 9 600 bps。如果需要修改默认参数,则需要进入 AT 模式,具体操作请查阅相关说明书。

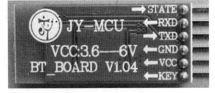

图 8 - 23　HC - 05 模块

4.5.3 节中实现了通过串口控制开关 LED 灯的实验,在串口监视器输入字符'k',点亮 LaunchPad 板卡上的红色 LED;输入字符'g',关闭红色 LED。现在我们对该实验程序不做任何修改,直接上传到 MSP430G2 LaunchPad 中,在串口监视器输入字符'k',观察 LaunchPad 板卡上的红色 LED 是否点亮;然后输入字符'g',观察红色 LED 是否关闭,程序工作正常。

现在利用 Android 手机蓝牙功能控制 LaunchPad 板卡上红色 LED 的亮与灭。

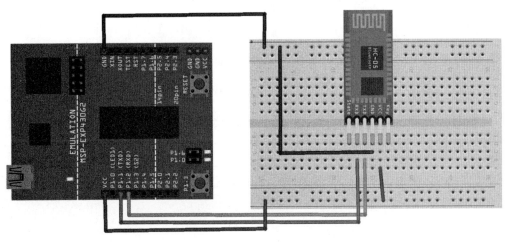

图 8 - 24　蓝牙应用示例连接图

首先按照图 8 - 24,把 HC - 05 模块与 LaunchPad 进行连接。HC - 05 上的 RXD 引脚要连接 LaunchPad 板卡上的 TXD(P1.1),HC - 05 上的 TXD 引脚要连接 LaunchPad 板卡上的

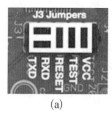 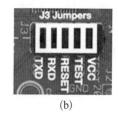

(a)　　　　　　　　(b)

图 8 - 25　J3 中 TXD 和 RXD 的跳线帽

(a) 使用串口监视器的跳线帽连接方式;(b) 通过蓝牙串口通信的跳线帽连接方式

RXD(P1.2)。需要注意：MSP430G2 LaunchPad 只有一套 UART 通信设施。通过串口监视器和计算机进行串口通信的时候,J3 中 TXD 和 RXD 上面的跳线帽是水平方向插着的[见图 8 - 25(a)]。如果通过蓝牙串口通信的话,J3 中的 TXD 和 RXD 上面的跳线帽要垂直方向插着[见图 8 - 25(b)]。

在 Android 手机上请读者自行搜索"蓝牙串口助手"等类似软件,安装之后打开并连接上 HC - 05。在蓝牙串口助手软件中发送字母'k', LaunchPad 板卡上的红色 LED 被点亮,同时蓝牙串口助手软件会显示"Light On"(见图 8 - 26);接着在蓝牙串口助手软件中发送字母'g',LaunchPad 板卡上的红色 LED 会熄灭,同时蓝牙串口助手软件会新增一条显示"Light Off"(见图 8 - 27)。

 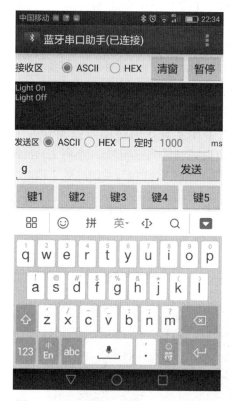

图 8 - 26　输入字母'k'后显示内容　　　图 8 - 27　继续输入字母'g'后显示内容

设计者也可以根据项目需求自行开发类似的蓝牙串口软件,请阅读相关书籍,本书不做介绍。

8.3.3　WiFi

1) 原理

无线网络上网可以简单地理解为无线上网,几乎所有智能手机、平板电脑和笔记本电脑都支持 WiFi 上网,是当今使用最广的一种无线网络传输技术。实际上就是把有线网络信号转换成无线信号,以前通过网线连接电脑,而 WiFi 则是通过无线电波来联网;常见的就是通过一个无线路由器,那么在这个无线路由器的电波覆盖的有效范围都可以采用 WiFi 连接方式进行联网。

2) 相关硬件

使用 WiFi 需要相应的硬件支持。以下是 TI 公司提供的 3 种支持 WiFi 功能的硬件。

(1) CC3100 Wi-Fi BoosterPack(见图 8 - 28)。TI 提供了 WiFi 扩展板 CC3100 Wi-Fi BoosterPack,它可以直接插在 LaunchPad 板卡上面。

CC3100 WiFi BoosterPack

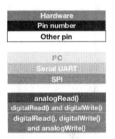

图 8 - 28　CC3100 WiFi BoosterPack 引脚图

(2) RedBearLab WiFi Mini。RedBearLab WiFi Mini 是一个特殊的 WiFi 扩展板,只能插在 RedBearLab CC3200 开发板上(见图 8 - 29)。

(3) CC3200 WiFi LaunchPad(见图 8 - 30)。CC3200 WiFi LaunchPad 本身自带 WiFi 模块。

3) WiFi 类库

使用 WiFi 类库可以把 LaunchPad 接到互联网上,该库支持 WEP 和个人 WPA2 加密方式。使用 WiFi 类库需要包含该库的头文件 WiFi.h;由于 MCU 是通过 SPI 总线连接到 WiFi 接口而实现网络功能的,所以也需要包含 SPI.h 头文件。WiFi 类库和 Ethernet 类库十分相似,许多函数的调用都是一样的。

(1) WiFi 类。该类用于完成 WiFi 的初始化和进行相关的网络配置,其成员函数如下。

① begin()。

功能:初始化网络设置。begin()函数自动使用 DHCP 配置网络地址信息。

语法:WiFi.begin();

　　　WiFi.begin(ssid);

　　　WiFi.begin(ssid, pass);

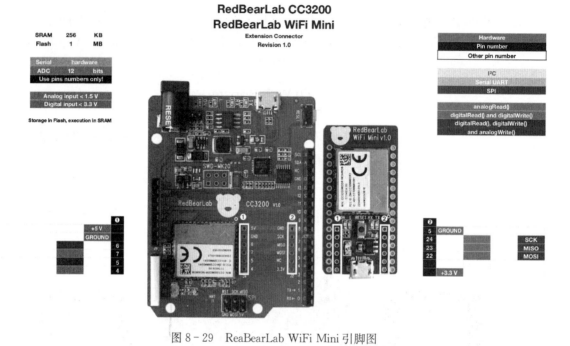

图 8 - 29   ReaBearLab WiFi Mini 引脚图

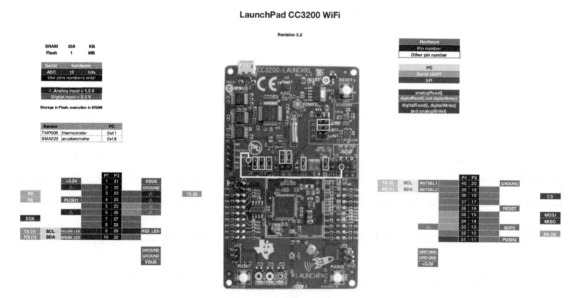

图 8 - 30   CC3200 WiFi LaunchPad 引脚图

WiFi.begin(ssid, keyIndex, key)。

参数：ssid,准备接入的 WiFi 网络的 SSID；

pass,字符串类型,WPA 加密网络所设置的密码；

keyIndex,WEP 加密网络可以设置 4 个不同的 key,选择使用 key 的索引；

key,十六进制的串,WEP 加密网的密码。

返回值：当连接到一个网络,返回 WL_CONNECTED；当没有连接到一个网络,返回 WL_IDLE_STATUS。

② disconnect()。

功能：断开当前连接的 WiFi 网络。

语法：WiFi.disconnect()。

参数：无。

返回值：无。

③ config ()。

功能：初始化以太网并进行相关配置。可以在参数中配置静态 IP 地址、DNS 地址、网关、子网掩码。

语法：WiFi.config(ip)；

WiFi.begin(ip, dns)；

WiFi.begin(ip, dns, gateway)；

WiFi.begin(ip, dns, gateway, subnet)。

参数：ip,本设备的 IP 地址；

dns,DNS 服务器地址；

gateway,网关 IP 地址,默认为 IP 地址最后一个字节为 1 的地址；

subnet,子网掩码,默认为 255.255.255.0。

返回值：无。

④ setDNS()。

功能：配置 DNS 服务器。

语法：WiFi.setDNS(dns_server1)；

WiFi.setDNS(dns_server1, dns_server2)。

参数：dns_server1,首要 DNS 的 IP 地址；

dns_server2,次要 DNS 的 IP 地址。

返回值：无。

⑤ SSID()。

功能：获取当前网络的 SSID。

语法：WiFi.SSID()；

WiFi.SSID(wifiAccessPoint)。

参数：wifiAccessPoint,指定特定 wifi AccessPoint。

返回值：当前网络的 SSID。

⑥ BSSID()。

功能：获取当前网络路由器的 MAC 地址。

语法：WiFi.BSSID(bssid)。

参数：6 字节数组，用于存放路由器的 MAC 地址。

返回值：无。

⑦ RSSI()。

功能：获取当前网络的信号强度。

语法：WiFi.RSSI()；

WiFi.RSSI(wifiAccessPoint)。

参数：wifiAccessPoint，指定特定 wifi AccessPoint。

返回值：当前网络的信号强度，单位 dBm。

⑧ encryptionType()。

功能：获取当前网络的加密方式。

语法：WiFi. encryptionType ()；

WiFi. encryptionType (wifiAccessPoint)。

参数：wifiAccessPoint，指定特定 wifi AccessPoint。

返回值为 byte 类型，当前网络的加密方式，可取值如下：

a. TKIP(WAP)＝2；

b. WEP＝5；

c. CCMP(WPA)＝4；

d. NONE＝7；

e. AUTO＝8。

⑨ scanNetworks()。

功能：搜索可接入的 WiFi 网络并返回发现网络的数量。

语法：WiFi. scanNetworks ()。

参数：无。

返回值：发现网络的数量。

⑩ getSocket()。

功能：获取第一个可使用的 socket。

语法：WiFi. getSocket()。

参数：无。

返回值：第一个可使用的 socket。

⑪ macAddress ()。

功能：获取 WiFi 设备的 MAC 地址。

语法：WiFi. macAddress (mac)。

参数：mac，存放 MAC 地址的 6 字节数组。

返回值：无。

(2) IPAddress 类。

① localIP()。

功能：获取设备的 IP 地址。

语法：WiFi.localIP()。

参数：无。

返回值：设备的 IP 地址。

② subnet()。

功能：获取 WiFi 网络的子网掩码。

语法：WiFi. subnet ()。

参数：无。

返回值：网络的子网掩码。

③ gatewayIP()。

功能：获取 WiFi 网络的网管 IP 地址。

语法：WiFi. gatewayIP ()。

参数：无

返回值：WiFi 网络的网管 IP 地址。

（3）WiFiServer 类。

① WiFiServer()。

功能：创建一个服务器对象，并指定监听端口。

语法：WiFiServer　server(port)。

参数：server，一个 WiFiServer 类的对象；

　　　port，监听端口。

返回值：无。

② begin()。

功能：服务器开始监听接入的连接。

语法：server.begin()。

参数：server，一个 WiFiServer 类的对象。

返回值：无。

③ available()。

功能：获取一个连接到本服务器且可读数据的客户端对象。

语法：server. available ()。

参数：server，一个 WiFiServer 类的对象。

返回值：一个客户端（WiFiClient 类型）对象。

④ write()。

功能：发送数据到所有连接到本服务器的客户端。

语法：server. write(data)。

参数：server，一个 WiFiServer 类的对象；

　　　data，发送的数据，byte 或 char 类型。

返回值：发送的字节数。

⑤ print()。

功能：发送数据到所有连接到本服务器的客户端。数据以 ASCII 码的形式一个一个地发送。

语法：server. print(data)；

　　　server. print(data, BASE)。

参数：server，一个 EthernetServer 类的对象；

　　　data，发送的数据，可以为 byte、char、int、long、string 类型；

BASE,指定数据以何种进制形式输出。

返回值：发送的字节数。

⑥ println()。

功能：发送数据到所有连接到本服务器的客户端,最后再发送一个换行符。数据以 ASCII 码的形式一个一个地发送。

语法：server. println();

　　　server. println(data);

　　　server. println(data,BASE)。

参数：server,一个 WiFiServer 类的对象;

　　　data,发送的数据,可以为 byte、char、int、long、string 类型;

　　　BASE,指定数据以何种进制形式输出。

返回值：发送的字节数。

（4）WiFiClient 类。使用 WiFiClient 类可以创建一个客户端对象,用于连接到服务器,并发送或接收数据。其成员函数如下：

① WiFiClient()。

功能：创建一个客户端对象。

语法：WiFiClient client。

参数：client,一个 WiFiClient 类对象。

返回值：无。

② connect()。

功能：连接到指定的 IP 地址和端口。

语法：client.connect(ip,port);

　　　client.connect(URL,port)。

参数：client,一个 EthernetClient 类对象;

　　　ip,client 准备连接的服务器的 IP 地址,必须是一个 4 字节的数组变量;

　　　port,int 类型,连接服务器的端口号。

返回值：boolean 类型,如果连接成功,取值 true,否则取值 false。

③ connected()。

功能：检查客户端是否已经连接。

语法：client.connected()。

参数：client,一个 WiFiClient 类对象。

返回值：boolean 类型,为 ture 表示已经连接,为 false 表示没有连接。

④ write()。

功能：发送数据到已经连接的服务器上。

语法：client. write(data)。

参数：client,一个 WiFiClient 类对象;

　　　data,发送的数据,byte 或 char 类型。

返回值：发送的字节数。

⑤ print()。

功能：发送数据到已经连接的服务器上。数据以 ASCII 码的形式一个一个地发送。

语法：client. print(data)；

　　　client. print(data, BASE)。

参数：client，一个 WiFiClient 类对象；

　　　data，发送的数据，可以为 byte、char、int、long、string 类型；

　　　BASE，指定数据以何种进制形式输出。

返回值：发送的字节数。

⑥ println()。

功能：发送数据到已经连接的服务器上，最后再发送一个换行符。数据以 ASCII 码的形式一个一个地发送。

语法：client. println()；

　　　client. println(data)；

　　　client. println(data, BASE)。

参数：client，一个 WiFiClient 类对象；

　　　data，发送的数据，可以为 byte、char、int、long、string 类型；

　　　BASE，指定数据以何种进制形式输出。

返回值：发送的字节数。

⑦ available()。

功能：获取可读字节数。可读数据为所连接的服务端发送来的数据。

语法：client.available()。

参数：client，一个 WiFiClient 类对象。

返回值：可读的字节数。如果没有可读数据，则返回−1。

⑧ read()。

功能：读取接送到的数据。

语法：client.read()。

参数：client，一个 WiFiClient 类对象。

返回值：一个字节的数据。如果没有可读数据，则返回−1。

⑨ flush()。

功能：清除已写入客户端但还没有被读取的数据。

语法：client.flush()。

参数：client，一个 WiFiClient 类对象。

返回值：无。

⑩ stop()。

功能：断开与服务器的连接。

语法：client.stop()。

参数：client，一个 WiFiClient 类对象。

返回值：无。

(5) WiFiUDP 类。使用 WiFiUDP 类可以发送或接收 UDP 报文。其成员函数如下。

① WiFiUDP()。

功能：WiFiUDP 类构造函数，完成 WiFiUDP 类对象的初始化。

语法：WiFiUDP　Udp。

参数：Udp，定义一个 WiFiUDP 类对象。

② begin()。

功能：初始化 UDP 库并进行相关的网络配置。

语法：Udp.begin(localPort)。

参数：Udp，一个 WiFiUDP 类对象；

localPort，int 类型，本地监听端口号；

返回值：boolean 类型，为 ture 表示已经连接，为 false 表示没有连接。

③ available()。

功能：获取缓存区中可读字节数。首先要调用 Udp.parsePacket ()，然后 available()函数才有效。

语法：Udp.available()。

参数：Udp，一个 WiFiUDP 类对象。

返回值：可读的字节数。如果没有可读数据，则返回－1。

④ beginPacket()。

功能：开始向远程设备发送 UDP 数据包。

语法：Udp.beginPacket(remoteIP, remotePort)。

参数：Udp，一个 WiFiUDP 类对象；

remoteIP，远程连接对端的 IP 地址(4 bytes)；

remotePort，远程连接对端的端口号(int)。

返回值：无。

⑤ endPacket()。

功能：完成 UDP 数据包的发送。

语法：Udp.endPacket()。

参数：Udp，一个 WiFiUDP 类对象。

返回值：无。

⑥ write()。

功能：向 UDP 连接的对端发送 UDP 数据包。write()函数需要在 beginPacket()和 endPacket()函数之间调用。

语法：Udp.write(message)；

Udp.write(buffer, size)。

参数：Udp，一个 WiFiUDP 类对象；

message，准备发送的数据(char)；

buffer，存放发送数据的数组(byte 或者 char)；

size，buffer 的长度。

返回值：发送的字节数。

⑦ parsePacket()。

功能：检测是否有 DUP 数据包可读取，如果有则返回其可读字节数。

语法：Udp.parsePacket ()。

参数：Udp，一个 WiFiUDP 类对象。

返回值：int 类型，表示 UDP 数据包的大小。如果没有可读数据，则返回－1。

⑧ read()。

功能：从指定缓存区中读取接送到的 UDP 数据。在使用该函数之前必须前调用 parsePacket 函数。

语法：Udp.read()；

Udp.read(packetBuffer, MaxSize)。

参数：Udp，一个 EthernetUDP 类对象；

packetBuffer，用于接收数据包的缓存区(char)；

MaxSize，缓存区的最大容量(int)。

返回值：char 类型，表示从缓存区中读取到的字符数。

⑨ stop()。

功能：终止 Udp 连接。

语法：Udp.stop()。

参数：Udp，一个 WiFiUDP 类对象。

返回值：无。

⑩ remoteIP()。

功能：获得远程设备的 IP 地址。

语法：Udp.remoteIP()。

参数：Udp，一个 WiFiUDP 类对象。

返回值：4 个字节的 IP 地址，UDP 连接对端的 IP 地址。

⑪ remotePort()。

功能：获得远程连接的端口号。

语法：Udp.remotePort()。

参数：Udp，一个 WiFiUDP 类对象。

返回值：int 类型，远程连接的端口号。

4) WiFi Web 服务器

在菜单栏中打开"File"→"Examples"→"WiFi"→"SimpleWebServerWiFI"，这时在编辑窗口会出现程序，如表 8-18 所示。该示例将展示 Energia 环境下 LaunchPad 通过 WiFi 库建立一个简单的 Web Server，用户可以通过浏览器连接到该服务器，打开网页点击按钮开关连接到 LaunchPad 第 9 号引脚的 LED 灯。

表 8-18　WiFi 应用示例程序清单

1	/*
2	WiFi Web Server LED Blink
3	
4	A simple web server that lets you blink an LED via the web.
5	This sketch will print the IP address of your WiFi (once connected)
6	to the Serial monitor. From there, you can open that address in a web browser
7	to turn on and off the LED on pin 9.
8	
9	If the IP address of your WiFi is yourAddress:
10	http://yourAddress/H turns the LED on
11	http://yourAddress/L turns it off

```
12
13     This example is written for a network using WPA encryption. For
14     WEP or WPA, change the Wifi.begin() call accordingly.
15
16   Circuit:
17   * CC3200 WiFi LaunchPad or CC3100 WiFi BoosterPack
18     with TM4C or MSP430 LaunchPad
19
20     created 25 Nov 2012
21     by Tom Igoe
22     modified 6 July 2014
23     by Noah Luskey
24     */
25   # ifndef __CC3200R1M1RGC__
26   // Do not include SPI for CC3200 LaunchPad
27   # include < SPI.h>
28   # endif
29   # include < WiFi.h>
30
31   // 假设你所接入 WiFi 的 SSID 为 "energia",密码是"supersecret",
32   // 采用的 WPA 加密方式
33   char ssid[] = "energia";
34   char password[] = "supersecret";
35
36   // 初始化 WiFi 库,HTTP 的默认端口为 80
37   WiFiServer server(80);
38
39   void setup() {
40     Serial.begin(115200);          // 初始化串口
41     pinMode(RED_LED, OUTPUT);      // 设置 RED_LED 引脚为输出
42
43     // 尝试连接到 WiFi 网络
44     Serial.print("Attempting to connect to Network named: ");
45     // 显示 WiFi 网络的 SSID
46     Serial.println(ssid);
47     // 连接到 WPA /WPA2 网络
48     WiFi.begin(ssid, password);
49     while ( WiFi.status() != WL_CONNECTED) {
50       // 等待连接过程中,串口监视器显示'.'
51       Serial.print(".");
52       delay(300);
53     }
54
55     Serial.println("\nYou're connected to the network");
56     Serial.println("Waiting for an ip address");
57
58     while (WiFi.localIP() == INADDR_NONE) {
59       //等待获取 IP 地址过程中,串口监视器显示'.'
60       Serial.print(".");
```

(续表)

```
61        delay(300);
62    }
63
64    Serial.println("\nIP Address obtained");
65
66    // 连接成功，显示 WiFi 的状态
67    printWifiStatus();
68
69    Serial.println("Starting webserver on port 80");
70    server.begin();              // 启动 Web 服务器，使用 80 端口
71    Serial.println("Webserver started!");
72 }
73
74 void loop() {
75    int i = 0;
76    WiFiClient client = server.available();     // 监听是否有客户连接
77
78    if (client) {                               // 如果有客户连接
79      Serial.println("new client");            // 串口监视器输出提示信息
80      char buffer[150] = {0};                   // 定义一个缓存区准备接收数据
81      while (client.connected()) {             // 客户一直处于连接状态
82        if (client.available()) {               // 如果客户发来数据
83          char c = client.read();               // 读取一个字符
84          Serial.write(c);                      // 显示到串口监视器上
85          if (c == '\n') {                      // 如果读取的字符是'\n'
86
87            // if the current line is blank, you got two newline characters in a row.
88            // that's the end of the client HTTP request, so send a response:
89            // 如果当前行为空，而你得到在一行中连续读到两个'\n'，
90            // 这是客户端请求结束的标志，给客户端发送一个响应
91            if (strlen(buffer) == 0) {
92              // HTTP 响应的 header 部分
93              client.println("HTTP/1.1 200 OK");
94              client.println("Content- type:text /html");
95              client.println();
96
97              //HTTP 响应的 content 部分
98              client.println("< html> < head> < title> Energia CC3200 WiFi Web
99 Server</title> </head> < body align= center> ");
100             client.println(" < h1 align= center> < font color= \"red\" >
101 Welcome to the CC3200 WiFi Web Server</font> </h1> ");
102             client.print("RED LED < button
103 onclick= \"location.href= '/H'\" > HIGH< /button> ");
104             client.println(" < button
105 onclick= \"location.href= '/L'\" > LOW< /button> < br> ");
106
107             // HTTP 响应结束，发送一个空行
108             client.println();
109             // 从 while 循环中退出
```

```
110          break;
111        }
112        else {        //如果读到了一个新行,清空 buffer
113          memset(buffer, 0, 150);
114          i = 0;
115        }
116      }
117      else if (c != '\r') {      // 如果读取的是'\r',
118        buffer[i++] = c;         // 把它添加到 buffer 的结尾
119      }

121      // 检查客户的请求是否是 "GET /H" 或者 "GET /L"
122      if (endsWith(buffer, "GET /H")) {
123        digitalWrite(RED_LED, HIGH);        //GET /H  点亮 LED
124      }
125      if (endsWith(buffer, "GET /L")) {
126        digitalWrite(RED_LED, LOW);         // GET /L  关闭 LED
127      }
128    }
129  }
130  // 关闭连接
131  client.stop();
132  Serial.println("client disonnected");
133  }
134 }

136 //
137 //检测一个字符串 compString 是否出现在字符串 inString 的结尾
138 //
139 boolean endsWith(char * inString, char * compString) {
140   int compLength = strlen(compString);
141   int strLength = strlen(inString);

143   // 从 inString 倒数 compLength 字符开始比较
144   int i;
145   for (i = 0; i < compLength; i++ ) {
146     char a = inString[(strLength - 1) - i];
147     char b = compString[(compLength - 1) - i];
148     if (a != b) {
149       return false;
150     }
151   }
152   return true;
153 }

155 // 显示 WiFi 网络状态
156 void printWifiStatus() {
157   // 显示连接的 WiFi 网络的 SSID
158   Serial.print("SSID: ");
```

(续表)

159	`Serial.println(WiFi.SSID());`
160	
161	`//显示连接的 WiFi 网络的 IP 地址`
162	`IPAddress ip = WiFi.localIP();`
163	`Serial.print("IP Address: ");`
164	`Serial.println(ip);`
165	
166	`// 显示 WiFi 信号的强度`
167	`long rssi = WiFi.RSSI();`
168	`Serial.print("signal strength (RSSI):");`
169	`Serial.print(rssi);`
170	`Serial.println(" dBm");`
171	`// 显示 Web Server 的网址`
172	`Serial.print("To see this page in action, open a browser to http://");`
173	`Serial.println(ip);`
174	`}`

上载程序到 CC3200 WiFi LaunchPad,打开串口监视器,观察输出。假设串口监视器最后一行输出的是 http：//192.168.1.177,用处于同一个网络的计算机打开浏览器,在地址栏输入 http：//192.168.1.177/H,观察 LaunchPad 上的 RED_LED 灯,该灯会亮起来;接着在地址栏输入 http：//192.168.1.177/L,再次观察 LaunchPad 上的 RED_LED 灯,该灯熄灭了。

第 9 章 类库的编写

从第 6 章开始我们逐渐接触到了多个类库,如 LiquidCrystal、Stepper、Hardware Serial、Wire、SPI 等,使用他人编写的类库进行开发,是不是感觉编程变得十分简单了? 有了这些库文件,就不必花费过多的时间理解各种设备或模块是如何驱动的,只需调用库提供的类和函数,就可以轻松地使用各种模块了。本章将介绍如何使用 C++ 语言面向对象的方式编写 Energia 的类库。掌握本章的内容后,就可以把自己编写的库文件发布到互联网上,让其他 Energia 用户来使用。本章将以称重传感器模拟/数字(A/D)转换芯片 HX711 模块为例进行展开。

9.1 HX711 模块与称重传感器

9.1.1 HX711 模块

HX711 模块(见图 9-1)是一款专为高精度称重传感器而设计的 24 位 A/D 转换器模块,其核心是一块 HX711 芯片(U7)。与同类型其他芯片相比,该芯片集成了包括稳压电源、片内时钟振荡器等其他同类型芯片所需要的外围电路,具有集成度高、响应速度快、抗干扰性强等优点。降低了电子秤的整机成本,提高了整机的性能和可靠性。

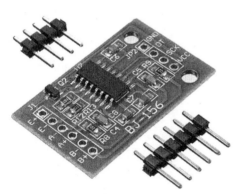

图 9-1 HX711 模块

1) HX711 芯片特点

(1) 两路通道(A/B 通道)可选择差分输入,与片内低噪声可编程放大器相连。

(2) 通道 A 的可编程增益为 128 或 64,对应的满额度差分输入信号幅值分别为 ± 20 mV 或 ± 40 mV。

(3) 通道 B 为固定的 32 增益,用于系统参数检测。

(4) 片内稳压电路可直接向外部传感器和芯片内 A/D 转换器提供电源。

(5) 片内时钟振荡器无须任何外接器件,必要时也可使用外接晶振或时钟。

(6) 上电自动复位电路。

(7) 简单的数字控制和串口通信:所有控制由管脚输入,芯片内寄存器无须编程。

(8) 可选择 10 Hz 或 80 Hz 的输出数据速率。

(9) 同步抑制 50 Hz 和 60 Hz 的电源干扰。

（10）耗电量（含稳压电源电路）：典型工作电流小于 1.7 mA，断电电流小于 1 μA。

（11）工作电压范围：2.6～5.5 V。

（12）工作温度范围：－20～+85℃。

（13）16 管脚的 SOP-16 封装。

2）模块引脚

HX711 模块引脚如表 9-1 所示。

表 9-1　HX711 模块引脚

引脚	作　用	描　　　　述
E+	电源	模拟电源：2.6～5.5 V
E−	地	模拟地
A−	模拟输入	通道 A 负输入端
A+	模拟输入	通道 A 正输入端
B−	模拟输入	通道 B 负输入端
B+	模拟输入	通道 B 正输入端
GND	地	数字电源地
DT	数字输出	串口数据输出
SCK	数字输入	断电控制（高电平有效）和串口时钟输入
V$_{CC}$	电源	数字电源 2.6～5.5 V

9.1.2　称重传感器

图 9-2 是 HL-8 型称重传感器，称重范围为 0～5 kg。它有四根线引线，分别为红色、黑色、绿色和白色，依次连接 HX711 模块的 E+、E−、A+ 和 A− 引脚。

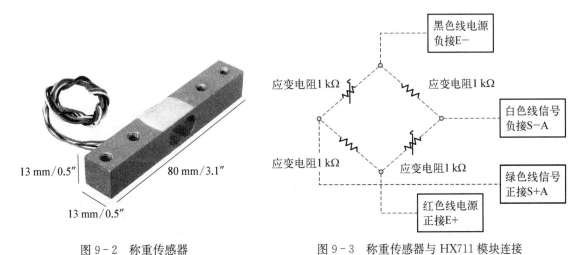

图 9-2　称重传感器　　　　　　　　图 9-3　称重传感器与 HX711 模块连接

当不同重量的物体施压于称重传感器时，会引起应变电阻阻值的不同改变，从而绿色引线与白色引线之间的电压会发生改变，并通过 A+ 和 A− 引脚传递给 HX711 模块，所以 HX711 模块读取的是电压值（见图 9-3）。

9.1.3　串行通信

HX711 模块和 LaunchPad 之间连接方式如表 9‑2 所示。

表 9‑2　HX711 模块和 MSP430G2 LaunchPad 的连接

HX711 模块	LaunchPad
GND	GND
DT	9(P2.1)
SCK	10(P2.2)
VCC	VCC

HX711 把经过 A/D 转换后的 24 位数据(0/1)经过 DT 以串行方式传给 LaunchPad。串行通信线由管脚 SCK 和 DT 组成,用来输出数据、选择输入通道和增益。当数据输出管脚 DT 为高电平时,表明 A/D 转换器还未准备好输出数据,此时时钟输入信号 SCK 应为低电平。当 DT 从高电平变低电平后,SCK 应输入 25～27 个不等的时钟脉冲(见图 9‑4)。其中第一个时钟脉冲的上升沿将读出输出 24 位数据的最高位(MSB),直至第 24 个时钟脉冲完成,24 位输出数据从最高位至最低位逐位输出完成(见表 9‑3)。第 25～27 个时钟脉冲用来选择下一次 A/D 转换的输入通道和增益(见表 9‑4)。

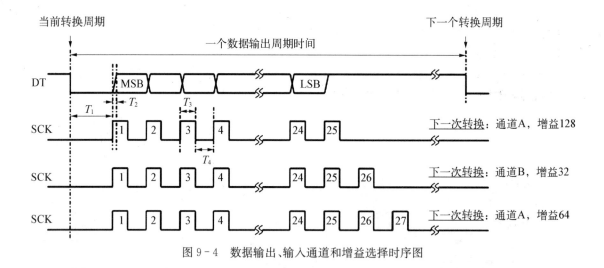

图 9‑4　数据输出、输入通道和增益选择时序图

表 9‑3　图 9‑4 中 T_i 描述

符号	说　明	最小值	最大值	单位
T_1	DT 下降沿到 SCK 脉冲上升沿	0.1		ms
T_2	SCK 脉冲上升沿到 DT 数据有效		0.1	μs
T_3	SCK 正脉冲电平时间	0.2	50	μs
T_4	SCK 负脉冲电平时间	0.2		ms

表 9-4　输入通道和增益选择

SCK 脉冲数	输入通道	增益
25	A	128
26	B	32
27	A	64

　　这里需要说明的是：由于称重传感器只连接了 A 通道，所以本章实验没有使用通道 B。

　　SCK 的输入时钟脉冲数不应少于 25 或多于 27，否则会造成串行通信错误。当 A/D 转换器的输入通道或增益改变时，A/D 转换器需要 4 个数据输出周期才能稳定。DT 在 4 个数据输出周期后才会从高电平变低电平，输出有效数据。

9.1.4　复位与断电

　　当 HX711 芯片上电时，芯片内的上电自动复位电路会使芯片自动复位。管脚 SCK 输入用来控制 HX711 的断电。当 SCK 为低电平时，芯片处于正常工作状态（见图 9-5）。

　　如果 SCK 从低电平变高电平并保持在高电平超过 60 μs，HX711 即进入断电状态。如使用片内稳压电源电路，断电时，外部传感器和片内A/D 转换器会同时断电。当 SCK 重新回到低

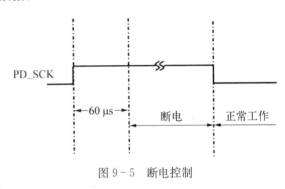

图 9-5　断电控制

电平时，芯片会自动复位后进入正常工作状态。芯片从复位或断电状态进入正常工作状态后，通道 A 和增益 128 会被自动选择作为第一次 A/D 转换的输入通道和增益。随后的输入通道和增益选择由 SCK 的脉冲数决定，参见 9.1.3 节。芯片从复位或断电状态进入正常工作状态后，A/D 转换器需要 4 个数据输出周期才能稳定。DT 在 4 个数据输出周期后才会从高电平变低电平，输出有效数据。

9.2　结构化设计方案

　　结构化设计力求把相对独立的功能模块设计为函数，这样一方面可以使程序看起来更清晰明了，另一方面也可以避免多次使用相同或类似功能的时候多次重复书写大量的语句。

　　要使用 HX711 模块，首先需要为 DT 和 SCK 配置 LaunchPad 对应的引脚，可以将引脚的配置过程封装成 HX711_Init 函数。该函数完成 HX711 模块的相关初始化，无须返回值；而 HX711 模块的 DT 引脚和 SCK 引脚，是必须要初始化的两个量，所以将它们设置为两个参数 DT_Pin 和 SCK_Pin。函数 HX711_Init 代码如下：

```
void HX711_Init(int DT_Pin, int SCK_Pin)
{
    // 初始化 HX711 模块
    pinMode(DT_Pin, INPUT);
    pinMode(SCK_Pin, OUTPUT);

}
```

此外,还需将从 HX711 模块获取数据的过程封装成 HX711_Read 函数。该函数将按照 9.1.3 节串行通信的过程读取 24 位 A/D 采样数据,即一个 unsigned long 类型的变量,最后返回该数据。HX711_Read 函数代码如下:

```
//读取 HX711 产生的 24 位 A/D 数据
// 输入通道:A 通道,增益:128
unsigned long HX711_Read(int DT_Pin, int SCK_Pin)
{
    unsigned long count;
    unsigned char i;
    bool Flag = 0;

    digitalWrite(DT_Pin, HIGH);
    delayMicroseconds(1);

    digitalWrite(SCK_Pin, LOW);
    delayMicroseconds(1);

    count = 0;
    while(digitalRead(DT_Pin));    // 等待 A/D 转换器准备输出数据
    for(i = 0; i < 24 ;i++)            // 从最高位至最低位逐位读入 24 位 A/D 数据
    {
        digitalWrite(SCK_Pin, HIGH);
        delayMicroseconds(1);
        count = count << 1;
        digitalWrite(SCK_Pin, LOW);
        delayMicroseconds(1);
        if(digitalRead(DT_Pin))
            count++ ;
    }
    // 第 25 个脉冲,增益选用 128
    digitalWrite(SCK_Pin, HIGH);
    delayMicroseconds(1);
    digitalWrite(SCK_Pin, LOW);
    delayMicroseconds(1);
    count ^= 0x800000;
    return(count);
}
```

现在只需要在 setup() 和 loop() 函数中调用这两个函数就可以了,即

```
const int HX711_DT = 9          //   HX711 模块的 DT 连接 LaunchPad 的 9 号引脚
const int HX711_SCK = 10         //   HX711 模块的 SCK 连接 LaunchPad 的 10 号引脚

unsigned long HX711_buffer;  // 存放 HX711 输出的数据
```

```
void setup()
{
    Serial.begin(9600);              //   设定串口输出波特率
    HX711_Init(DTPIN,SCKPIN);        //   HX711 初始化
}

void loop()
{
    HX711_buffer = HX711_Read(DTPIN,SCKPIN);
    Serial.println(HX711_buffer);
    delay(3000);
}
```

通过这样的设计,可以发现程序的整体可读性增强了很多。

完整的结构化设计程序代码如表 9-5 所示。

表 9-5 结构化设计方案

1	const int HX711_DT = 9 // HX711 模块的 DT 连接 LaunchPad 的 9 号引脚
2	const int HX711_SCK = 10 // HX711 模块的 SCK 连接 LaunchPad 的 10 号引脚
3	
4	unsigned long HX711_buffer; // 存放 HX711 输出的数据
5	
6	void setup()
7	{
8	Serial.begin(9600); // 设定串口输出波特率
9	HX711_Init(DTPIN,SCKPIN); // HX711 初始化
10	}
11	
12	void loop()
13	{
14	HX711_buffer = HX711_Read(HX711_DT, HX711_SCK);
15	Serial.println(HX711_buffer);
16	delay(3000);
17	}
18	
19	//读取 HX711 产生的 24 位 A/D 数据
20	// 输入通道:A 通道,增益:128
21	unsigned long HX711_Read(int DT_Pin, int SCK_Pin)
22	{
23	unsigned long count;
24	unsigned char i;
25	bool Flag = 0;
26	
27	digitalWrite(DT_Pin, HIGH);
28	delayMicroseconds(1);
29	
30	digitalWrite(SCK_Pin, LOW);

31	delayMicroseconds(1);
32	
33	count = 0;
34	while(digitalRead(DT_Pin)); // 等待 A/D 转换器准备输出数据
35	for(i = 0; i < 24 ;i++) // 从最高位至最低位逐位读入 24 位 A/D 数据
36	{
37	digitalWrite(SCK_Pin, HIGH);
38	delayMicroseconds(1);
39	count = count << 1;
40	digitalWrite(SCK_Pin, LOW);
41	delayMicroseconds(1);
42	if(digitalRead(DT_Pin))
43	count++ ;
44	}
45	digitalWrite(SCK_Pin, HIGH);
46	delayMicroseconds(1);
47	digitalWrite(SCK_Pin, LOW);
48	delayMicroseconds(1);
49	count ^= 0x800000; //第 25 个脉冲下降沿来时,转换数据
50	return(count);
51	}

9.3 面向对象设计方案

下面仍以 HX711 模块为例,介绍如何使用 C++ 面向对象的方法编写 Energia 的类库。

9.3.1 编写头文件

首先需要建一个名为 HX711.h 的头文件,在这个文件中声明一个 HX711 类。类的声明如下:

```
class HX711
{
private:
public:
};
```

一个类通常包含两个部分：private 和 public。private 中声明只能在这个类中被访问的变量和函数,而 public 中声明的变量和函数可以被外部程序所访问。在使用的 HX711 模块中需要定义两个引脚,所以定义两个变量 DT_Pin 和 SCK_Pin,一般把变量定义成 private 属性。HX711_Init() 函数用于初始化,可以直接定义成类的构造函数 HX711();HX711_Read 函数用于读取数据,将其修改为类的成员函数 read() 即可,函数一般定义成 public 属性。类里面出现的变量一般被称为成员变量,类面出现的函数一般被称为成员函数。

完整的 HX711.h 程序清单如表 9-6 所示。

表 9 - 6 **HX711.h 程序清单**

```
1    # ifndef HX711_h
2    # define HX711_h
3
4    class HX711
5    {
6    private:
7      int DT_Pin;              //   DT 引脚
8      int SCK_Pin;             //   SCK 引脚
9    public:
10     HX711(int DTPin, int SCKPin);              // 构造函数
11     unsigned long read();      // 读取函数
12   }
13   # endif
```

表 9 - 6 中有一些新的语法,下面逐一进行展开介绍。

以"#"开头的语句称为预处理命令。在之前包含文件使用的 # include 以及在常量定义中使用的 # define 均为预处理命令。对于预处理命令,编译器不会直接对其进行编译,而是在编译之前,系统会预先处理这些命令。预处理命令有多种,作用各不相同。

1) 宏定义

宏定义的一般形式为:

> # define 标识符　字符串

如在程序中使用"# define LED 2"语句,相当于定义了一个名为 LED 的常量,在实际编译前,系统会将代码中出现的所有 LED 替换成 2,再对替换后的代码进行编译。

2) 文件包含

文件包含命令有两种形式:

> # include < 文件名>
> 或
> # include "文件名"

若程序中使用 # include < Wire.h> ,那么在预处理时系统会将该语句替换成 Wire.h 文件中的实际内容,然后再对替换后的代码进行编译。

文件包含命令的两种形式的实际效果是一样的,只是当使用< 文件名> 形式时,系统会优先在 Energia 库文件中寻找目标文件,若没有找到,系统会再到当前 Energia 项目的项目文件夹中查找;而使用"文件名"形式时,系统会优先在当前 Energia 项目的项目文件夹中查找,若没有找到,系统会查找 Energia 库文件。

3) 条件编译

条件编译命令的一般形式为:

> # ifndef 标识符
> # define 标识符
> 　程序段
> # endif

在 HX711.h 中出现了"# ifndef HX711_h"语句,系统会查找标识符 HX711_h 是否在程序的其他地方被 # define 定义过;如果没有被定义过,则定义该标识符,然后执行后面的程序段直到遇到 # endif。这样写的目的主要是为了防止重复包含某个文件,避免程序编译出错。

9.3.2 编写实现文件

C++的实现文件名以.cpp 为文件后缀。下面要建立一个 HX711.cpp 文件。

在 HX711.cpp 文件中,需要写出头文件中声明的成员函数的具体实现代码。完整的程序如表 9 - 7 所示。

表 9 - 7 HX711.cpp 程序清单

```
1   # include "HX711.h"            // 包含头文件 HX711.h
2
3   HX711 :: HX711(int DTPin, int SCKPin)      // HX711 类的构造函数
4   {
5     DT_Pin = DTPin;
6     SCK_Pin = SCKPin;
7     pinMode(DT_Pin, INPUT);
8     pinMode(SCK_Pin, OUTPUT);
9   }
10  unsigned long HX711::read()              // 读取函数
11  {
12      unsigned long count;
13      unsigned char i;
14      bool Flag = 0;
15
16      digitalWrite(DT_Pin, HIGH);
17      delayMicroseconds(1);
18
19      digitalWrite(SCK_Pin, LOW);
20      delayMicroseconds(1);
21
22      count = 0;
23      while(digitalRead(DT_Pin));      // 等待 A/D 转换器准备输出数据
24      for(i = 0; i < 24 ; i++ )         // 从最高位至最低位逐位读入 24 位 A/D 数据
25      {
26          digitalWrite(SCK_Pin, HIGH);
27          delayMicroseconds(1);
28          count = count << 1;
29          digitalWrite(SCK_Pin, LOW);
30          delayMicroseconds(1);
31          if(digitalRead(DT_Pin))
32              count++ ;
33      }
34      digitalWrite(SCK_Pin, HIGH);
35      delayMicroseconds(1);
36      digitalWrite(SCK_Pin, LOW);
37      delayMicroseconds(1);
38      count ^= 0x800000;               //第 25 个脉冲下降沿来时,转换数据
39      return(count);
40  }
```

在编写 HX711 类库时，在 HX711.h 文件中声明了 HX711 类及其成员函数，在 HX711.cpp 文件中定义其成员函数的实现方法。当在类声明以外定义成员函数时，需要使用域操作符"::"来说明该函数是属于 HX711 类的。

9.3.3　关键字高亮显示

至此 HX711 类库已经编写完成，但还有一点缺憾，就是它还没有一个可以让 Energia 识别并能够高亮度显示关键字的 keywords.txt 文件，因此可以考虑再建立一个 keywords.txt 文件。如果不需要高亮显示自己定义的关键字，这个步骤非必需的。

建立的 keywords.txt 文件的内容如下：

```
HX711    KEYWORD1
read     KEYWORD2
```

"HX711　　KEYWORD1"之间的空格应该用"Tab"键输入。在 Energia 的关键字高亮显示中，KEYWORD1 会被识别为数据类型高亮方式，KEYWORD2 会被识别为函数高亮方式。

目前为止，一个完整的类库就建好了。现在想让 MSP430G2 LaunchPad 使用该类库，需要在【Energia 安装目录】\hardware\msp430\libraries 文件夹中新建一个 HX711 的文件夹，并将 HX711.h、HX711.cpp 和 keywords.txt 三个文件放入该文件夹中，如图 9-6 所示。

图 9-6　HX711 类库

9.3.4　建立示例程序

为了方便他人使用和学习我们编写的类库，还可以在 HX711 文件夹中新建一个 examples 文件夹，并放入预先编写的示例程序。例如，在 examples 文件夹中新建一个 HX711_Basic 文件夹，并放入一个 HX711_Basic.ino 文件，其完整代码如下：

```
# include "HX711.h"

// 实例化一个 HX711 对象,并初始化连接的引脚
// DT 连接到 9 号引脚,SCK 连接到 10 号引脚
HX711 hx711(9,10);

void setup()
{
    //  初始化串口通信
    Serial.begin(9600);
}

void loop()
```

(续表)

```
{
    // 使用 read() 函数获取 HX711 经 A/D 转换输出数据,
    // 并存入变量 HX711_buffer 中
    unsigned long HX711_buffer = hx711.read();
    Serial.println(HX711_buffer);
    delay(3000);
}
```

现在重启 Energia IDE,依次选择"File"→"Examples"→"HX711"菜单就可以找到该示例程序。编译并上传程序到 MSP430G2 LaunchPad,可验证新建的类库的效果,并根据实际情况进行修改。

使用类库编写程序使得程序的可读性提高了,编程工作更加直观和方便。借助于类库,即使不了解某个设备或模块的驱动原理,也可以通过学习例程掌握该设备或模块的使用方法。

9.4 类库的优化

为了方便理解和学习 Energia 类库的编写方法,前文对 HX711 类库的实现进行了一定程度的简化。如果要真正应用于测量物体的重量还有很多需要改进的地方,大概可以从如下几方面着手:

(1) 从 HX711 读到的数据并不是待测物体的重量,而是称重传感器绿色引线与白色引线之间的电压值。计算实际物体的重量可以采用如下公式:

$$待测物体重量 = HX711 \ 输出数值 / GapValue - Offset \tag{9-1}$$

式中,GapVaule 为校准参数,因为不同的称重传感器特性曲线不是很一致,因此,每一个传感器需要矫正这个参数才能使测量值准确。当发现测试出来的重量偏大时,增加该数值;如果测试出来的重量偏小时,减小该数值。该值可以为小数。Offset 用于控制精度,也需要根据实际情况调整。

(2) 为了提高测量值的准确性,可以采用多次测量,然后取平均值的方法。如果长时间使用称重传感器,可能会偶尔出现过大值现象,要进行异常情况判断。

(3) 称重装置本身也是有重量的,在计算时需要扣除。

(4) 如果待测物体超过测量量程,也属于异常情况,要采取合适的处理措施。

(5) 实际项目设计中,可以考虑增加显示设备(如 1602 LCD)。

大家可以自己尝试对 HX711 类库进行优化。

第 10 章　实践项目开发

本章将介绍由上海交通大学工科平台《工程学导论》课程的学生基于 CDIO 工程方法开发的项目。

10.1　住宅灯光控制系统

【项目目的】　通过检测传感器的状态，控制各种灯的开与关。

【项目组成部分】　声音传感器、光敏电阻、蓝牙模块 HC-05、继电器、LED 灯、白炽灯、电阻、三极管、导线、MSP432P401R、面包板和 Energia 软件。

10.1.1　功能构思

现代智能家居已经逐渐普及，人们不断追求更加舒适的生活环境。传统住宅的灯必须通过人工操纵开关才能打开或关闭。本项目设计了三种比较便捷的灯控制系统，分别是声控灯、光控灯和蓝牙控制灯。

10.1.2　硬件搭建

1）声控灯

声控灯利用一个声控传感器（见图 10-1），此款声控传感器由一个小型驻极体麦克风和运算放大器构成。它可以将捕获的微小电压变化放大 100 倍左右，能够被微控制器轻松地识别，并进行 AD 转换，输出模拟电压值。只需采集模拟量电压就可以读出声音的幅值，判断声音的大小。当声音幅度大于预先设置的某个阈值，就点亮灯。声控传感器工作电压：2.7～5.5 V，有三个引脚，分别定义为：信号输出（S）；电源正极（VCC）和电源地（GND）。信号输出（S）引脚连接 MSP432 LaunchPad 的模拟输入引脚。

图 10-1　声控传感器

2）蓝牙灯

通过蓝牙模块 HC-05 与 MSP432，实现手机软件对继电器的控制。将继电器串入白炽灯电路，作为开关控制白炽灯的亮与灭。工作原理请参见 7.4 节和 8.3.2 节的内容。

3）光控灯

通过光敏传感器与 MSP432，控制 LED 的亮与灭。工作原理请参见 5.1 节的内容。

4）MSP432 LaunchPad 引脚配置

MSP432 LaunchPad 与各种传感器引脚的分配，如表 10-1 所示。

表 10 - 1　MSP432 LaunchPad 与各种传感器引脚分配

信号名称	声控传感器 S	光敏电阻	声控传感器控制的 LED 灯	光敏电阻控制的 LED 灯	控制继电器的三极管基极	蓝牙模块 RXD	蓝牙模块 TXD
MSP432 引脚	30	29	28	27	26	4	3
I/O 方向	INPUT	INPUT	OUTPUT	OUTPUT	OUTPUT	OUTPUT	INPUT

光敏电阻一端接 VCC,另一端接 1 kΩ 电阻,并作为输入连接 29 号(P5.4)引脚;选择 27 号(P4.7)引脚作为输出控制 LED。27 号(P4.5)引脚作为输出连接三极管的基极,控制继电器的导通与断开,从而控制白炽灯的开与关。蓝牙模块 RXD 连接 MSP432 的 4 号(TX)引脚,蓝牙模块 TXD 连接 MSP432 的 3 号(RX)引脚。

10.1.3　程序清单

程序清单如表 10 - 2 所示。

表 10 - 2　住宅灯光控制系统程序清单

```
1    const int soundPin = 30;          // 设置 30 号引脚为声控传感器输入端口
2    const int potPin = 29;            // 设置 29 号引脚为光敏电阻输入端口
3    const int soundLedPin = 28;       // 设置声控传感器控制的 LED 引脚
4    const int potLedPin = 27;         // 设置光敏电阻控制的 LED 引脚
5    const int relayPin = 26;          // 设置控制继电器开关的引脚
6
7    const int minSound = 200;         // 最低声音门限值
8    const int minLight = 200;         // 最小光线门限值,可以根据实际需要进行修改
9
10   int soundLedState = LOW;          // 声控 LED 灯初始状态为关闭
11   int potLedState = LOW;            // 光控 LED 灯初始状态为关闭
12
13   void setup()
14   {
15     // 设置各引脚的 I/O 方向
16     pinMode(soundPin, INPUT);
17     pinMode(potPin, INPUT);
18     pinMode(soundLedPin, OUTPUT);
19     pinMode(potLedPin, OUTPUT);
20     pinMode(relayPin, OUTPUT);
21
22     Serial.begin(9600);             // 初始化串口监视器
23     Serial1.begin(9600);           // 初始化 MSP432 的 Serial1,RX-3,TX-4
24   }
25
26   void loop()
27   {
28     int soundValue = analogRead(soundPin);   // 读取声控传感器值
29     if( (soundValue > minSound) && (soundLedState == LOW) ) {   // 声音高
30       digitalWrite(soundLedPin, HIGH);                  // 打开 LED
31       soundLedState = HIGH;
32     }
```

```
33        if( (soundValue > minSound) && (soundLedState == HIGH) ) {    // 声音低
34            digitalWrite(soundLedPin,LOW);                            // 关闭 LED
35            soundLedState = LOW;
36        }
37
38        int potValue = analogRead(potPin);    // 读取光敏电阻值
39        if( (potValue < minLight) && (potLedState == LOW) ) {         // 光线不足时
40            digitalWrite(potLedPin,HIGH);                             // 打开 LED
41            potLedState = HIGH;
42        }
43        if( (potValue > minLight) && (potLedState == HIGH) ) {        // 光线充足时
44            digitalWrite(potLedPin,LOW);                              // 关闭 LED
45            potLedState = LOW;
46        }
47
48
49        if( Serial1.available() > 0 ) {
50            // 读取输入信息
51            char cmd = Serial1.read();
52            if( cmd == 'k' ) {
53                digitalWrite(relayPin,HIGH);    // 开灯
54                Serial1.println("Light On");
55            }
56            else if(cmd == 'g') {
57                digitalWrite(relayPin,LOW);    // 关灯
58                Serial1.println("Light Off");
59            }
60        }
61
62    delay(1000);
63 }
```

本项目相对简单,读者可以尝试添加其他类型的传感器,使其拥有更多的功能。

10.2　自动门控制系统

【项目目的】　利用传感器检测、电机拖动,控制人到自动开门,人走自动关门。

【项目组成部分】　限位传感器、红外感应传感器、电机、乐高积木搭建的自动门、导线、MSP432P401R、Energia 软件。

10.2.1　功能构思

项目中需要智能检测是否有人要进门或出门,可以分别在门外侧和内侧合适的位置各安装一个红外感应传感器。当红外传感器感应到有人要进入或出去时,会产生输出信号。自动控制设备(MSP432)获取该信号,启动电机(正转),将门打开。当门打开到一定程度后,开门限位传感器产生输出信号,电机停止运行。自动门处于开门位置后,如果检测到没有人进出,则自动转为关门,启动电机(反转);当门关到一定程度后,关门限位感应器产生输出信号,电机

停止运行。在关门过程中,如果红外感应器检测到有人要进出,会再次产生输出信号,从而自动转为开门操作。

10.2.2 硬件搭建

自动门智能控制系统可以分为三个相互配合的子系统,除了上面提到的人进出检测部分之外,还需要自动门开关序列产生及 MSP432 控制这两个部分有效配合。

本项目使用的器件清单如表 10 - 3 所示。

表 10 - 3 器件清单

名　　　　称	数量/(个数或套数)
红外感应传感器	2
限位传感器	2
电动机及电机控制板	1
乐高积木套件	1
MSP432P401R	1

图 10-2　限位传感器

1) 限位传感器模块

限位传感器模块如图 10 - 2 所示,引脚 VCC 为电源正极,GND 为电源地,OUT 为输出信号。模块中电路使用直流 3.3 V/5 V 作为工作电源。

叉状结构两端分别有红外发射头和接收头。当两端之间未受不透光物体阻隔,OUT 输出低电平(~0 V),否则输出高电平(~3.3 V)。为了方便观察,模块板上有 LED 指示灯,红外光束不受阻隔时灯亮,否则灯灭。

2) 电机控制板

电机控制板工作原理如图 10 - 3 所示。

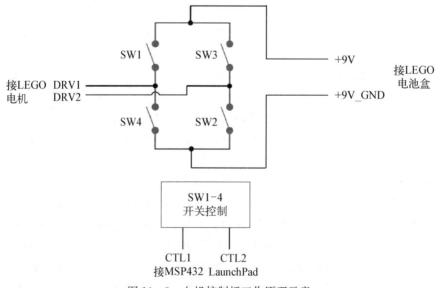

图 10 - 3　电机控制板工作原理示意

图 10-3 是电机控制板的工作原理示意图。对外接口面向三个方面,分别接 LEGO 电池盒、LEGO 电机和 MSP432 LaunchPad。面向 LEGO 电池盒的接口有 2 个有效引脚,分别接电池组(6 节 5 号电池串联,电压 9V)的正极和负极,图 10-3 中标注为$+9$ V 和$+9$ V_GND。面向 LEGO 电机的接口也有 2 个有效引脚,分别接直流电机的两端,图 10-3 中标注为 DRV1 和 DRV2。面向 MSP432 LaunchPad 的接口同样有 2 个有效引脚,可分别接 MSP432 LaunchPad 的两个数字 I/O 引脚,用于输出(OUTPUT),图 10-3 中标注为 CTL1 和 CTL2。

电机控制信号方式如表 10-4 所示。

表 10-4　电机控制信号方式

序号	信号电压情况	开　关　状　态	电机状态
1	$V_{CTL1}-V_{CTL2}>2.5$ V	SW1、SW2 闭合,SW3、SW4 断开	正转
2	$V_{CTL2}-V_{CTL1}>2.5$ V	SW1、SW2 断开,SW3、SW4 闭合	反转
3	$|V_{CTL1}-V_{CTL2}|<0.5$ V	4 个开关全部断开	停止转动

接电池盒　　　　　　2个10脚IDC型接插件　　　　接电机

图 10-4　电机控制板实物图

电路控制板下方并排安装了两个 IDC 型插座,两者对应位置的引脚是相同的,所以两者作用相同,可方便地用于接力式级联。图 10-4 中每个 IDC 插座 10 个引脚按照从右到左,从上到下依次编号为 $1,2,3,\cdots,9,10$。电机控制板的接口插座引脚分配及实物连接分别如表 10-5 和图 10-5 所示。

表 10-5　电机控制板 IDC10 接口插座引脚分配

引脚号	1	2	3	4	5	6	7	8	9	10
用　途	空	空	空	空	CTL1	CTL2	两脚并接短路用于接 GND		两脚并接短路用于接$+5$ V	

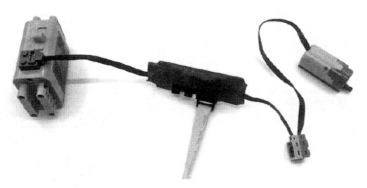

图 10-5　电机控制板与电池盒、电机的连接

3) 限位传感器焊接电路

限位传感器模块在使用时,为了固定和连接方便,需要为其准备独立的电路搭建板。在项目设计初期选用了一块小面包板和杜邦线搭接电路。当竖着绑在门框上时,很容易脱落。后改用洞洞板、导线和IDC10插座焊接了电路板,元件位置可灵活摆放和调整,器件和导线连接稳定。绑扎线穿过洞洞板上的洞孔可以把电路板固定在门框上。

限位传感器安装焊接图一(见图10-6)上焊接了两个IDC10插座,两者对位引脚相通,1号引脚连接限位传感器的OUT;9号和10号引脚并接短路,连接限位传感器VCC;7号和8号引脚并接短路,连接限位传感器GND。限位传感器安装焊接图二(见图10-7)上焊接了一个IDC10插座,2号引脚连接限位传感器的OUT;9号和10号引脚并接短路,连接限位传感器VCC;7号和8号引脚并接短路,连接限位传感器GND。

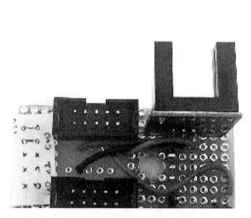

图 10-6 限位传感器安装焊接图一

图 10-7 限位传感器安装焊接图二

4) 红外传感器

红外传感器选用的是PA-465吸顶式双元红外移动探头(见图10-8),其核心是一个双元热释红外传感器。该器件检测到人走近时,会产生一个3 s的脉冲信号。工作电压9~

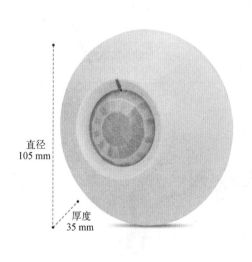

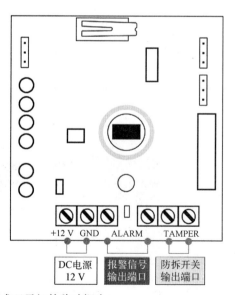

图 10-8 PA-465 吸顶式双元红外移动探头

16 V,为此选用了 TI 提供的一款 HPI-1000 多功能口袋仪器,它可以通过移动电源供电,产生提供 15 V 的电源。

5) 电路板的接力式级联

图 10-9 为电路板的接力式级联。

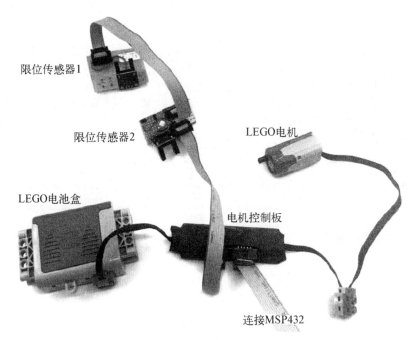

图 10-9　电路板的接力式级联

项目作品包含多块各种功能的电路板,它们与 MSP432 LaunchPad 都有连接。为了提高作品的整体美观性,采用了电路板间接力式级联的方案,使得连线紧凑有序,也有利于提高连接可靠性。2 块限位传感器电路板和电机控制板上,均焊接了 IDC10 插座,通过级联所有 IDC10 插座对位引脚都是相通的。表 10-6 列出了各电路板信号(包括电源)被分配占用 10 芯连线的情况。

表 10-6　IDC 10 芯连线中信号位置分配

引脚号	1	2	3	4	5	6	7	8	9	10
限位传感器 1	OUT	—						GND		VCC
限位传感器 2		OUT						GND		VCC
红外传感器	—	—	ALARM					—		
电机控制板	—	—	—	—	CTL1	CTL2		—		

图 10-9 中没有显示红外传感器,实际搭建模型时只用了一个红外感应传感器,用于检测是否有人要进门。另外由于门比较窄,门移动距离比较短,加上为了布线的方便,两个限位传感器安装在门的同一侧,上面的为关门传感器,下面的为开门传感器;当开门到位后,两个传感器都输出高电平(1);当关门时,门逐渐远离限位传感器,当上面的传感器信号由高电平转换为低电平(0),停止关门。

6) MSP432 LaunchPad 引脚配置

实验作品中各种功能电路板的接口信号(含电源)一旦在排线电缆中分配好,就不方便频繁调整改变。然而,由于硬件或软件优化设计的需要,时常要变动这些信号与单片机引脚的连接。故在靠近单片机的一侧设置了一个简易"配线板",如图 10-10 所示。表 10-7 是该例配线的各信号对应情况。

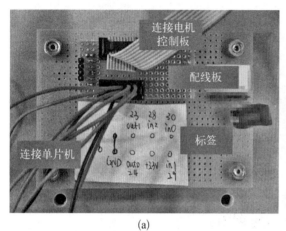
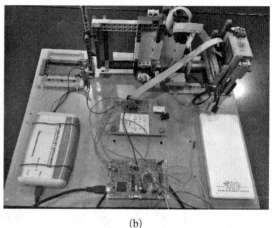

(a)   (b)

图 10-10　单片机引脚信号配线实例

(a) 信号配线板制作；(b) 在作品中的形态

表 10-7　MSP432 LaunchPad 与 IDC10 插座引脚分配

信号名称	限位传感器 1 信号	限位传感器 2 信号	红外感应信号	电源	电机控制 CTL1	电机控制 CTL2	电源 GND	电源 +5 V
IDC 引脚号	1	2	3	4	5	6	7,8	9,10
MSP432 引脚	30	29	28	3.3 V	23	24	GND	+5 V
I/O 方向	INPUT	INPUT	INPUT		OUTPUT	OUTPUT		
自动移门程序中信号代号	in0	in1	in2		out1	out0	—	—

10.2.3　软件设计分析

本项目选用 Energia 为开发软件,根据采集到的输入信号(见表 10-8),产生合理的输出信号(见表 10-9),从而有效地控制自动门的开关。

表 10-8　传 感 器 信 息

名　称	代号	说　明
关门限位传感器	in0	当门已关到位时有效"0"
开门限位传感器	in1	当门已开到位时有效"1"
红外感应传感器	in2	感应到人体"1"

表 10 - 9　电机控制两路信号

信号 0(out0)	信号 1(out1)	说　　　明
0	0	不转,门不动
0	1	正转,开门
1	0	反转,关门
1	1	无意义,不用

自动门控制系统的算法的状态转移如图 10 - 11 所示。状态转移条件和操作如表 10 - 10 所示。

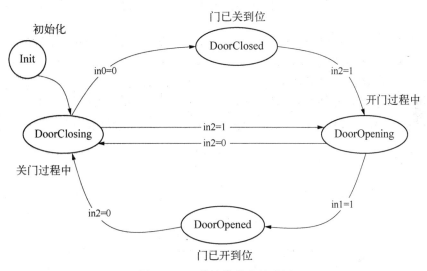

图 10 - 11　算法的状态转移图

表 10 - 10　状态机的转移条件和操作

当前状态	状态描述	条件判断	操　　作	操作描述	下一状态
Init	初始化	无	{out0, out1} = {1, 0}	系统初始化,关门	DoorClosing
DoorClosed	门已关到位	in2 = 1	{out0, out1} = {0, 1}	有人进出,开始开门	DoorOpening
		Others		无人进出,保持关门	保持不变
DoorOpening	开门过程中	in1 = 1	{out0, out1} = {0, 0}	门已开到位,停止移动	DoorOpened
		in2 = 0	{out0, out1} = {1, 0}	人已离开,转为关门	DoorClosing
		Others		继续开门中	保持不变
DoorOpened	门已开到位	in2 = 0	{out0, out1} = {1, 0}	人已离开,开始关门	DoorClosing
		Others		进出持续中,保持开门	保持不变
DoorClosing	关门过程中	in0 = 0	{out0, out1} = {0, 0}	门已关到位,停止移动	DoorClosed
		in2 = 1	{out0, out1} = {0, 1}	有人进出,转为开门	DoorOpening
		Others		继续关门中	保持不变

10.2.4 本项目相关的挑战以及解决方案

本项目选用 465 吸顶式双元红外移动探头作为红外感应传感器检测人的进入。该器件检测到人走近时,会产生一个 3 s 的脉冲信号。当人一直站在门前不动时,该器件并不是一直输出高电平,而是大概每隔 3 s 产生一个宽度随机的下降脉冲。经反复试验,发现下降脉冲宽度小于 1 s,如图 10 - 12 所示。

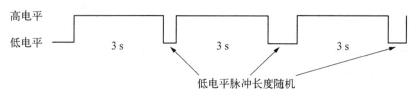

图 10 - 12　人站在门前一直不动红外感应器输出信号

上述现象的存在,会造成门不必要的反复开关。解决该问题,需要把低脉冲过滤掉。同时为了确保人的安全,在准备关门时,必须确保人已经离开,为此修改了状态转移图,增加"检测人是否确实离开"的状态。当准备关门时,必须连续 5 次检测到 in2＝0,才真正转为关门,为此增加两个计数器 c1,c2。系统的轮询周期设置为 200 ms(200 ms×5＝1 s),也可以把上面提到的低脉冲过滤掉。经上述修改过的状态转移情况如图 10 - 13 和表 10 - 11 所示。

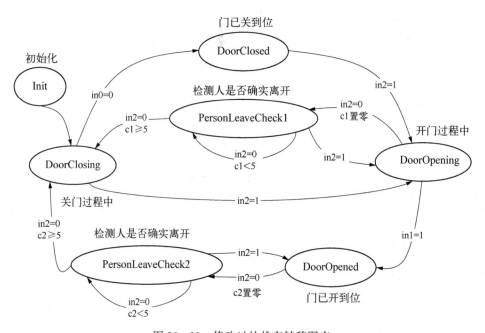

图 10 - 13　修改过的状态转移图表

表 10 - 11　修改过的状态机的转移条件和操作

当前状态	状态描述	条件判断	操　作	操作描述	下一状态
Init	初始化	无	{out0, out1}＝{1, 0}	系统初始化,关门	DoorClosing
DoorClosed	门已关到位	in2＝1	{out0, out1}＝{0, 1}	有人进出,开始开门	DoorOpening
		Others		无人进出,保持关门	保持不变

（续表）

当前状态	状态描述	条件判断		操 作	操作描述	下一状态
DoorOpening	开门过程中	in1＝1		{out0,out1}＝{0,0}	门已开到位,停止移动	DoorOpened
		in2＝0	c1＝0		转为检测人是否确实离开1	PersonLeaveCheck1
		Others			继续开门中	保持不变
DoorOpened	门已开到位	in2＝0	c2＝0		转为检测人是否确实离开2	PersonLeaveCheck2
		Others			进出持续中,保持开门	保持不变
DoorClosing	关门过程中	in0＝0		{out0,out1}＝{0,0}	门已关到位,停止移动	DoorClosed
		in2＝1		{out0,out1}＝{0,1}	有人进出,转为开门	DoorOpening
		Others			继续关门中	保持不变
PersonLeaveCheck1	人是否确实离开1	in2＝1	c1＝0		返回继续开门中	DoorOpening
		in2＝0 and c1>=5		{out0,out1}＝{1,0}	人已离开,开始关门	DoorClosing
		in2＝0 and c1<5	c1++		继续核实人是否离开	保持不变
PersonLeaveCheck2	人是否确实离开2	in2＝1			返回门已开到位状态	DoorOpened
		in2＝0 and c2>=5		{out0,out1}＝{1,0}	人已离开,开始关门	DoorClosing
		in2＝0 and c2<5	c2++		继续核实人是否离开	保持不变

  自动控制门最终的程序清单如表 10 - 12 所示。选择 MSP432 LaunchPad 上的 PUSH1 按钮作为自动门启动开关,系统刚上电时,自动门不工作;当 PUSH1 按下一次后,自动门才开始工作,初始状态为 Init 状态。再次按下 PUSH1,自动门将停止工作。自动门开始工作后,整个程序的核心是一个 switch 语句,根据当前状态(curr_state),周期检测(这里设置的间隔 200 ms左右)各种传感器信号,产生合适的输出信号,控制电机的运动。

表 10 - 12　自动门控制系统程序清单

```
1    // 状态机常量定义
2    const byte  Init = B000;              // 初始化状态
3    const byte DoorClosing = B001;        // 正在关闭状态
4    const byte DoorClosed = B010;         // 门已关到位状态
5    const byte DoorOpening = B011;        // 开门过程中状态
6    const byte DoorOpened = B100;         // 门已开到位状态
7    const byte PersonLeaveCheck1 = B101;  // 人是否确实离开 1 状态
8    const byte PersonLeaveCheck2 = B110;  // 人是否确实离开 2 状态
9
10   // 输入引脚设置
```

```
11    // 限位传感器 1 OUT  < - - - - - > 30
12    // 限位传感器 2 OUT  < - - - - - > 29
13    // 红外传感器 ALARM < - - - - - > 28
14    const int pinIns[3] = {30,29,28};
15    // 输出引脚设置
16    // 电机控制板 CTL1 < - - - - - > 24
17    // 电机控制板 CTL2 < - - - - - > 23
18    const int pinOuts[2] = {24,23};
19
20    volatile int state = LOW;
21    volatile int flag = LOW;              // 系统刚上电时自动门停止工作
22
23    int curr_state = Init;                // 自动门处于初始化状态
24    byte outs = B00;
25    int c1 = 0,c2 = 0;
26
27    void SetMotor(byte outs);             //   电机控制函数
28
29    void setup() {
30      Serial.begin(115200);
31
32      // 设置输出引脚
33      for(int i = 0; i < 2; ++ i){
34        pinMode(pinOuts[i],OUTPUT);
35        digitalWrite(pinOuts[i],LOW);
36      }
37
38      pinMode(GREEN_LED, OUTPUT);         // 选择绿色 LED 作为自动门工作提示灯
39      digitalWrite(GREEN_LED, LOW);       // 灯亮:工作;灯灭:停止工作
40      // 设置输入引脚
41      for(int i = 0; i < 3; ++ i)
42      {
43        pinMode(pinIns[i],INPUT);
44        digitalWrite(pinIns[i],LOW);
45      }
46
47      pinMode(PUSH1, INPUT_PULLUP);       // PUSH1 作为自动门电源总开关
48      attachInterrupt(PUSH1, OnOff, FALLING); // 中断服务程序
49      delay(200);
50    }
51
52    void loop() {
53
54        digitalWrite(GREEN_LED, flag);    // 设置自动门工作提示灯
55
56        // flag = true 工作
57        if(flag)
58        {
59          // 根据当前状态(curr_state),周期检测(这里设置的每隔 200ms)
```

```
60      // 各种传感器信号,产生合适的输出信号,控制电机的运动
61      switch(curr_state)  {
62        case Init:
63          outs = B01;
64          SetMotor (outs);
65          curr_state = DoorClosing;
66          break;
67        case DoorClosing:
68          if(digitalRead(pinIns[0]) == 0) {
69              outs = B00;
70              SetMotor (outs);
71              curr_state = DoorClosed;
72          }
73          else if(digitalRead(pinIns[2]) == 1) {
74              outs = B10;
75              SetMotor (outs);
76              curr_state = DoorOpening;
77          }
78          break;
79        case DoorClosed:
80          if(digitalRead(pinIns[2]) == 1 )  {
81
82            outs = B10;
83            SetMotor (outs);
84            curr_state = DoorOpening;
85          }
86          break;
87        case DoorOpening:
88          if( digitalRead(pinIns[1]) == 1 )  {
89            outs = B00;
90            SetMotor (outs);
91            curr_state = DoorOpened;
92          }
93          else if(digitalRead(pinIns[2]) == 0 ){
94            c1 = 0;
95            curr_state = PersonLeaveCheck1;
96          }
97          break;
98        case DoorOpened:
99          if(digitalRead(pinIns[2]) == 0) {
100           c2 = 0;
101           curr_state = PersonLeaveCheck2;
102         }
103         break;
104       case PersonLeaveCheck1:
105         if(digitalRead(pinIns[2]) == 1) {
106           c1 = 0;
107           curr_state = DoorOpening;
108         }
```

```
109          else if((digitalRead(pinIns[2]) == 0)&&(c1 >= 5)) {
110            outs = B01;
111            SetMotor(outs);
112            curr_state = DoorClosing;
113          }
114          else if((digitalRead(pinIns[2]) == 0)&&(c1 < 5)) {
115            c1++ ;
116          }
117          break;
118        case PersonLeaveCheck2:
119          if(digitalRead(pinIns[2]) == 1) {
120            curr_state = DoorOpened;
121          }
122          else if((digitalRead(pinIns[2]) == 0)&&(c2 >= 5)) {
123            outs = B01;
124            SetMotor(outs);
125            curr_state = DoorClosing;
126          }
127          else if((digitalRead(pinIns[2]) == 0)&&(c2 < 5)) {
128            c2++ ;
129          }
130          break;
131        default:
132          break;
133        }
134        delay(200);    // 延迟 200ms
135      }
136      else delay(200);  // 延迟 200ms
137    }
138
139    // 电机控制函数
140    void SetMotor (byte outs)
141    {
142        for (int n = 0; n < 2; ++ n) {
143          if(bitRead(outs,n)) {
144            digitalWrite(pinOuts[n],HIGH);  // 输出高电平
145          }
146          else
147            digitalWrite(pinOuts[n],LOW);      // 输出低电平
148      }
149    }
150
151    // PUSH1 中断服务程序
152    // 控制自动门开始工作或停止工作
153    void OnOff()
154    {
155      flag =! flag;
156    }
```

10.2.5　更多与本项目相关的挑战

为了提高系统的实用性,可以考虑有人进出的时候,给出语音提示;另外,可以在提高系统的安全性方面做些改进。读者可选择性尝试。

10.3　百叶窗帘智能控制系统

【项目目的】　通过旨在让百叶窗帘可以根据环境光照以及人的需求进行自动化操作,为生活增添更多便利。

【项目组成部分】　百叶窗帘、环境光传感器、电机驱动板、步进电机、12 V 直流变压器、机械传动结构模块、红外遥控器及一体化红外接收头、导线、MSP432P401R、面包板和 Energia 软件。

10.3.1　功能构思

传统住宅的百叶窗需要通过手动收起或放下,调节百叶窗的打开角度也需要人工完成。本项目在百叶窗上面加装两个步进电机和机械传动模块,通过红外通信模块可以远程控制百叶窗的收起和放下;利用环境光传感器感受环境光强,自动调整百叶窗的打开角度。

10.3.2　硬件搭建

百叶窗智能控制系统主要由窗帘收放和窗帘叶片转动两大功能模块组成。本项目主要使用的器件清单如表 10-13 所示。

表 10-13　器　件　清　单

名　　称	数量/(个数或套数)
电机驱动板和步进电机	2
环境光传感器	1
机械传动模块	1
红外通信模块	1
百叶窗	1
MSP432P401R	1

1) 环境光传感器

GY-302 是采用 BH1750FVI 芯片的数字式环境光传感器(见图 10-14)。其主要特性如下:

(1) I2C 数字接口,支持速率最大 400 kbps。

(2) 输出量为光照度(illuminance)。

(3) 测量范围 1～65 535 lx,分辨率最小到 1 lx。

(4) 低功耗(power down)功能。

(5) 屏蔽 50/60 Hz 市电频率引起的光照变化干扰。

(6) 支持两个 I2C 地址,通过 ADDR 引脚选择。

(7) 较小的测量误差(精度误差最大值±20%)。

图 10-14　环境光传感器 GY-302

环境光传感器工作电压：3～5 V，有 5 个引脚，分别定义为：电源正极（VCC）、电源地（GND）、SCL、SDA 和 ADDR。传感器与 MSP432 LaunchPad 管脚的连接对应关系如表 10 - 14 所示。

2）步进电机及电机驱动板

M415B（M = Microstep）是采用中国专利技术生产的细分型高性能步进驱动器，适合驱动中小型的任何 1.5 A 相电流以下的两相或四相混合式步进电机。供电电压 12～40 V，步进脉冲响应频率最大值为 100 kHz。M415B 的电机驱动板如图 10 - 15 所示。

图 10 - 15　电机驱动板

图 10 - 16　步进电机

步进电机选用 42HS3404B4（见图 10 - 16），步距角 1.8°，电流 0.4 A，4 根引线，其中黑色、绿色、红色、蓝色引线分别连接电机驱动板的 A＋、A－、B＋和 B－。12 V 直流电源适配器的正极和地分别连接电机驱动板的＋V 和 GND。

3）红外遥控器和一体化红外接收头

红外遥控器发送信号，红外接收头接收信号后，通知 MSP432；MSP432 控制步进电机开始工作，达到收起和放下百叶窗的目的。红外通信的工作原理请参见 8.3 节内容。

4）窗帘收放模块

该模块主要由一个步进电机（动力装置）、尼龙线与扁轮（传动装置）组成。步进电机安装在窗帘的后侧面（使用热熔胶作为黏合剂），主轴直接与扁轮连接，控制着窗帘收放的尼龙线缠绕在扁轮上。当电机转动时，带动扁轮转动，收起或放下尼龙绳，控制窗帘升降。使用扁轮而不使用圆轮的目的是防止尼龙绳在卷起使相互缠绕甚至打结，影响窗帘的正常放下（见图 10 - 17）。

5）窗帘叶片转动模块

该部分主要由一个步进电机（动力装置）与由两个齿轮构成的齿轮组（传动装置）构成。步进电机安装在窗帘横梁左侧的上部，齿轮组连接步进电机转轴与窗帘内置的转向杆，使得电机的转动能带动转向杆转动，控制叶片的开闭程度与方向（见图 10 - 18）。

6）MSP432 LaunchPad 引脚配置

MSP432 LaunchPad 的引脚配置如表 10 - 14 所示。

图 10-17　升降叶片结构

图 10-18　叶片角度转动结构

表 10-14　**MSP432 LaunchPad 与各种传感器引脚配置**

外　设	外设引脚	MSP432 引脚
电机驱动板 1 （连接电机 1）	PUL	4
	DIR	5
	OPTO	5 V
	ENA	悬空
电机驱动板 2 （连接电机 2）	PUL	6
	DIR	7
	OPTP	5 V
	ENA	悬空
环境光传感器	VCC	3V3
	GND	GND
	SCL	9
	SDA	10
	ADDR	悬空
一体化红外接收头	OUT	11
	GND	GND
	VCC	3V3

10.3.3　软件设计分析

软件主要由两部分组成：光控部分（控制窗帘叶片开闭）和红外遥控部分（控制窗帘收放）。

1）光控部分

依据环境光传感器接收到的光照强度控制叶片转动，从而改变叶片的遮光量，将其分为

三档:

(1) 光照度小于 100 lx。

(2) 光照度大于 100 lx 且小于 800 lx。

(3) 光照度大于 800 lx。

当光照度小于 100 lx(弱光条件)时,叶片完全展开(与地面平行);当光照度处于 100~800 lx(中强光)时,叶片转动一定角度,部分遮光;当光照度大于 800 lx(强光)时,叶片完全闭合(与地面垂直)。

2) 红外遥控部分

系统启动时,最初窗帘处在收起的状态,当按下红外遥控器 1 号按钮时,窗帘放下。

窗帘处在放下的状态时,当按下红外遥控器 2 号按钮,窗帘叶片先恢复到水平状态,再收起。

关于具体的软件编程,在控制叶片转动时,程序通过全局变量记录上一次叶片转到的位置,并与当前所应转到的位置进行比较,从而判断出电机应转动的角度。另外,为了防止偶然因素在较短时间内遮挡光线,从而改变光敏传感器读数而让电机无效转动,在程序设计中,只有当连续两次接收到的光照度均处于同一区间时才能进入新模式,并使电机转动,否则程序则不会做出反应。另外,在系统收到信号,窗帘收上前,会先自动将叶片转至水平状态,便于下一次的使用。控制系统程序清单如表 10-15 所示。

表 10-15　百叶窗帘智能控制系统程序清单

```
1    # include < Wire.h>
2    # include < IRremote.h>
3
4    const int pinOuts[4] = {5,4,7,6,};        // 两个电机驱动板的引脚
5    const int pinIn = 12;    // 红外一体化接收头连接到 MSP432 LaunchPad 的 12 号引脚
6
7    IRrecv irrecv(pinIn);
8    decode_results results;    // 用于存储编码结果的对象
9
10   int BH1750address = 0x23;             // 环境光传感器 IIC 地址
11   byte buff[2];                        // 存在光照强度
12   int flag1 = 0, mode = 1;
13   int prestep = 3, last = 3;            // 保存前一次状态以及方向
14
15   void motorPulse(int pin);            // 产生脉冲信号,每当脉冲由低变高时电机走一步
16   void lightCtl(int pin, uint16_t val); // 光控模块
17   uint16_t getLx();                    // 获取环境光照强度(单位:lx)
18
19   void setup() {
20       Wire.begin();
21       Serial.begin(9600);
22
23       irrecv.enableIRIn();            // 初始化红外解码
24
25                                       // 设置各引脚的 I/O 方向
26       for(int i = 0; i < 4; ++ i){
27           pinMode(pinOuts[i], OUTPUT);
```

```
28              digitalWrite(pinOuts[i],LOW);
29          }
30      pinMode(pinIn,INPUT);
31      digitalWrite(pinIn,LOW);
32      delay(200);
33  }
34
35  void loop()
36  {
37      int i;
38
39      if (irrecv.decode(&results)) {
40          if(results.value == 0xFFA25D)          // 接收到按键"1"
41              flag1 = 1;
42          else if (results.value == 0xFF629D)   // 接收到按键"2"
43              flag1 = 2;
44          irrecv.resume(); //  准备接收下一个编码
45      }
46
47      switch(flag1)
48      {
49          case 1:            // 窗帘放下
50              digitalWrite(pinOuts[2],HIGH);   // 修改电机2转动方向为正转
51              for(i = 0;i < 120000;i++ ) motorPulse(pinOuts[3]); // 电机2转动
52              delay(2000);
53              flag1 = 3;
54              break;
55          case 2:            // 窗帘收起
56              digitalWrite(pinOuts[2],LOW);   // 修改电机2转动方向为逆转
57              for(i = 0;i < 120000;i++ ) motorPulse(pinOuts[3]); // 电机2转动
58              delay(2000);
59              flag1 = 3;
60              break;
61          case 3:
62              uint16_t val = getLx();                // 获取环境光强
63              lightCtl(pinOuts[1],val);              //  光控模块
64          default:
65              break;
66      }
67  }
68
69  void motorPulse(int pin)      // 产生脉冲信号,每当脉冲由低变高时电机走一步
70  {
71      digitalWrite(pin,HIGH);
72      delayMicroseconds(80);
73      digitalWrite(pin,LOW);
74      delayMicroseconds(80);
75  }
76
```

```
77    void lightCtl(int pin,uint16_t val)
78    {
79      int step,len;
80      if(val > 800) step = 1;   // 当光照度大于 800 lx 时,叶片完全闭合
81                               // 光照度处于 100～800 lx 时,叶片转动一定角度
82    if(val > 100 && val <= 800) step = 2;
83      if(val <= 100) step = 3;  // 光照度小于 100 lx(弱光条件)时,叶片完全展开
84
85      // 只有当连续两次接收到的光照强度均处于同一区间时才能进入新模式,
86      // 并使电机转动;否则程序则不会做出反应。
87      if(step == last)
88      {
89          len = step - prestep;
90          prestep = step;
91      }
92      else
93      {
94          last = step;
95          delay(2000);
96          return;
97      }
98      if (len == 0)
99      {
100          delay(2000);
101          return;
102      }
103      if(len < 0)
104      {
105          digitalWrite(pinOuts[0],LOW);      // 修改电机 1 转动方向为逆转
106          len = - len;
107          for(int i = 0;i < len;i++)
108          {
109              for(int k = 0;k < 21000;k++) motorPulse(pinOuts[1]);   // 电机 1 转动
110          }
111      }
112      else
113      {
114          digitalWrite(pinOuts[0],HIGH);   // 修改电机 1 转动方向为正转
115          for(int i = 0;i < len;i++)
116          {
117              for(int k = 0;k < 22000;k++) motorPulse(pinOuts[1]);   // 电机 1 转动
118          }
119      }
120      last = step;
121      delay(2000);
122    }
123
124    uint16_t getLx()      // 获取环境光照强度(单位:lx)
125    {
```

(续表)

```
126        int i;
127        uint16_t val = 0;
128
129        BH1750_Init(BH1750address);           // 初始化
130        delay(100);
131
132        if(2 == BH1750_Read(BH1750address))   // 读取传感器的值
133        {
134            val = ((buff[0] << 8)|buff[1]) /1.2;      //  val 的值代表光强
135            Serial.print(val,DEC);
136            Serial.println("[lx]");
137        }
138        delay(150);
139
140        return val;
141    }
142
143    void BH1750_Init(int address)            // 环境光传感器初始化函数
144    {
145        Wire.beginTransmission(address);
146        Wire.write(0x10);
147        Wire.endTransmission();
148    }
149
150    int BH1750_Read(int address)             // 读取环境光传感器的值
151    {
152        int i = 0;
153        Wire.beginTransmission(address);
154        Wire.requestFrom(address, 2);
155        while(Wire.available())                  // 存入 buff 中
156        {
157            buff[i] = Wire.read();
158            i++ ;
159        }
160        Wire.endTransmission();
161
162        return i;
163    }
```

在实际使用中,在机械结构精度允许的情况下也可以对程序进行少量修改,以改变光照判断条件、叶片转动角度以及增设档位,使窗帘的使用更加人性化。

参考文献

［1］Energia. Energia home ［EB/OL］.［2019］http：//www.energia.nu/.

［2］Texas Instruments. Products ［EB/OL］.［2019］http：//www.ti.com/.

［3］Arduino. Arduino home ［EB/OL］.［2019］http：//www.arduino.cc/.

［4］Arduino. Arduino 中文社区［EB/OL］.［2019］http：//www.arduino.cn/.

［5］Adrian Fernandez，Duang Dang. Getting started with the MSP430 LaunchPad ［M］. 225 Wyman Street，Waltham，MA 02451，USA：Elsevier Inc. 2013.

［6］Monk S. Electronics cookbook：practical electronic recipes with arduino and raspberry Pi ［M］. Sebastopol，CA：O'Reilly Media Inc. 2017.

［7］陈吕洲.Arduino 程序设计基础［M］.2 版.北京：北京航空航天出版社,2015.

［8］宋雪松,李冬明,崔长胜.手把手教你学 51 单片机［M］.北京：清华大学出版社,2014.